AutoCAD Revit SketchUp VRay 建筑设计 4合1

田婧 黄晓瑜·编著

电子工业出版社
Publishing House of Electronics Industry
北京·BEIJING

内容简介

本书是一本专为想在短时间内学会并掌握基于 BIM 建筑设计专业基础知识和行业技能应用而编写的教材。本书分别运用 AutoCAD、SketchUp、Revit 及 VRay 等建筑行业设计软件,全面介绍建筑设计基础知识、建筑工程图纸绘制、建筑模型绘制、建筑外观造型设计、建筑与结构设计,以及建筑场景渲染等知识,让读者轻松掌握基于 BIM 建筑设计流程所含的软件技能。

本书基于多个 BIM 建筑设计软件的实战应用,对 BIM 建筑设计全流程进行了全面、细致的讲解,并配以大量的实战案例,方便读者加深理解。

本书从教学与自学的易用性、实用性出发,以"用软件知识讲解上机练习技能实训"的教学方式,全面教授基于 BIM 建筑设计软件的基本技能和行业实践应用。

本书可作为本科、大中专和相关培训学校的建筑、室内设计专业及培训教材,还可作为即将和已经从事室内设计、建筑设计、结构施工等专业技术人员,以及想快速提高 BIM 建筑软件应用的爱好者的参考用书。

未经许可,不得以任何方式复制或抄袭本书之部分或全部内容。
版权所有,侵权必究。

图书在版编目(CIP)数据

AutoCAD Revit SketchUp VRay 建筑设计 4 合 1 / 田婧,黄晓瑜编著. -- 北京:电子工业出版社,2021.3
ISBN 978-7-121-40437-5

Ⅰ. ①A… Ⅱ. ①田… ②黄… Ⅲ. ①建筑设计－计算机辅助设计－应用软件 Ⅳ. ① TU201.4

中国版本图书馆 CIP 数据核字 (2021) 第 012469 号

责任编辑:田 蕾　　特约编辑:刘红涛
印　　刷:三河市华成印务有限公司
装　　订:三河市华成印务有限公司
出版发行:电子工业出版社
　　　　　北京市海淀区万寿路 173 信箱　　邮编:100036
开　　本:787×1092　1/16　印张:20.25　字数:522.4 千字
版　　次:2021 年 3 月第 1 版
印　　次:2021 年 3 月第 1 次印刷
定　　价:89.00 元

凡所购买电子工业出版社图书有缺损问题,请向购买书店调换。若书店售缺,请与本社发行部联系,联系及邮购电话:(010)88254888,88258888。
质量投诉请发邮件至 zlts@phei.com.cn,盗版侵权举报请发邮件至 dbqq@phei.com.cn。
本书咨询联系方式:(010)88254161~88254167 转 1897。

前言
PREFACE

本书内容

本书基于多个 BIM 建筑设计软件的实战应用，对 BIM 建筑设计全流程进行了全面、细致的讲解，并配以大量的实战案例，方便读者加深理解与学习。

全书共 12 章，章节内容安排如下。

第 1 章：本章主要介绍 BIM 建筑设计，以及完整的 BIM 建筑设计流程等新手必备知识。

第 2 章：建筑总平面图即整个建筑基地的总体布局，具体指新建房屋的位置、朝向，以及周围环境（原有建筑、交通道路、绿化、地形）基本情况的图样。本章使用搭载到 AutoCAD 软件中的浩辰云建筑插件进行建筑总平面图设计。

第 3 章：本章继续使用浩辰云建筑插件来绘制建筑平面图、建筑立面图、建筑剖面图、建筑大样/详图等图纸，将依照国标建筑标准进行绘制。

第 4 章：在浩辰云建筑插件中，三维模型与二维平面图是相辅相成的。除了可以直接在平面图中直接生成三维模型，也可以导入其他 AutoCAD 图纸进行模型组合，得到建筑的三维模型。

第 5 章：本章主要介绍 SketchUp 软件在 BIM 建筑设计中的应用。SketchUp 软件特别适合建筑造型设计，可以与 BIM 的 AutoCAD 和 Revit 等软件完美结合。本章介绍的模型创建与编辑功能是建筑造型的基础。

第 6 章：本章主要介绍 SketchUp 中常见的建筑、园林、景观小品的构建设计方法，并以真实的设计图来表现模型在日常生活中的应用。

第 7 章：本章学习如何利用 SketchUp 的高级插件——SUAPP 来进行 BIM 建筑设计。SketchUp 只是一个基本建模工具，要想成为建模的高级应用软件，还得大量使用插件来辅助完成各种设计。

第 8 章：Revit 是一款专业的三维参数化建筑 BIM 设计软件，是有效地创建信息化建筑模型（BIM），以及各种建筑设计、施工文档的设计工具。本章详细讲解如何在 Revit Architecture 环境下进行建筑地形和布局设计。

第 9 章：本章运用 Revit 软件进行建筑模型的构建，首先从墙体开始，建筑墙体属于 Revit 的系统族，创建墙体后载入门窗构件，接着载入结构柱与结构梁等构件。

第 10 章：Revit 提供了楼板、屋顶、天花板、楼梯及栏杆工具，本章将使用这些工具完成建筑项目的设计，让读者掌握楼板、屋顶、天花板和洞口工具的使用方法。

第 11 章：本章利用 Revit Structure（结构设计）模块进行建筑混凝土结构设计。建筑结构设计包括钢筋混凝土结构设计，以及钢结构和木结构设计。

第 12 章：VRay for SketchUp 2018 渲染器能与 SketchUp 完美结合，渲染出高质量的图片效果。Revit 模型也可以在 SketchUp 软件打开。本章将介绍各种场景中的真实渲染案例，全面介绍 VRay 在渲染过程中的参数设置与效果输出。

本书特色

本书从教学与自学的易用性、实用性出发，以"用软件知识讲解上机练习技能实训"的教学方式，全面教授基于 BIM 的建筑设计软件的基本技能和行业实践应用。

本书最大特色在于:
- ➢ 行业同步训练逻辑清晰。
- ➢ 精美的效果图赏心悦目,极具行业设计价值。
- ➢ 提供大量的视频教学,结合书中内容介绍,读者可以更好地将其融入自己的学习中。
- ➢ 赠送大量有价值的学习资料及练习内容,能使读者充分利用软件功能进行相关设计。

本书可作为本科、大中专和相关培训学校的建筑、室内设计专业及培训教材,还可作为即将和已经从事室内设计、建筑设计、结构施工等专业技术人员,以及想快速提高 BIM 建筑软件应用的爱好者的参考用书。

作者信息

本书由桂林电子科技大学信息科技学院的田婧和黄晓瑜老师共同编著。由于时间仓促,本书难免有不足和错漏之处,还望广大读者批评和指正!

感谢您选择了本书,希望我们的努力对您的工作和学习有所帮助,也希望您把对本书的意见和建议告诉我们。

视频教学

随书附赠 76 集实操教学视频,扫描下方二维码关注公众号即可在线观看全书视频(扫描每一章(第 1 章除外)章首的二维码可在线观看相应章节的视频)。

读 者 服 务

读者在阅读本书的过程中如果遇到问题,可以关注"有艺"公众号,通过公众号中的"读者反馈"功能与我们取得联系。此外,通过关注"有艺"公众号,您还可以获取艺术教程、艺术素材、新书资讯、书单推荐、优惠活动等相关信息。

扫一扫关注"有艺"

资源下载方法:关注注"有艺"公众号,在"有艺学堂"的"资源下载"中获取下载链接,如果遇到无法下载的情况,可以通过以下三种方式与我们取得联系:

1. 关注"有艺"公众号,通过"读者反馈"功能提交相关信息;
2. 请发邮件至 art@phei.com.cn,邮件标题命名方式:资源下载+书名;
3. 读者服务热线:(010)88254161~88254167 转 1897。

投稿、团购合作:请发邮件至 art@phei.com.cn。

目录 CONTENTS

01 建筑设计新手必备知识 ... 1

1.1 建筑信息模型 BIM 概述 ... 2
- 1.1.1 什么是 BIM 建筑设计 ... 2
- 1.1.2 BIM 生命周期 ... 4
- 1.1.3 BIM 建筑设计使用的软件 ... 5

1.2 建筑设计内容 ... 6
- 1.2.1 方案设计阶段 ... 6
- 1.2.2 初步设计阶段 ... 7
- 1.2.3 施工图设计阶段 ... 8

1.3 建筑施工图全套图纸介绍 ... 8

02 绘制建筑总平面图 ... 15

2.1 浩辰云建筑 2018 简介 ... 16
- 2.1.1 浩辰云建筑 2018 特色功能 ... 16
- 2.1.2 下载与安装浩辰云建筑 2018 ... 23
- 2.1.3 AutoCAD 2018 中的浩辰云建筑 2018 工具 ... 24
- 2.1.4 工程管理 ... 25

2.2 了解建筑总平面图 ... 27
- 2.2.1 建筑总平面图的功能与作用 ... 27
- 2.2.2 AutoCAD 建筑总平面图的绘制方法 ... 28

2.3 某中心小学建筑设计方案规划图案例 ... 30
- 2.3.1 设计说明 ... 30
- 2.3.2 绘制总平面图 ... 31

03 绘制其他建筑图纸 ... 41

3.1 建筑项目介绍 ... 42

3.2 绘制建筑平面图 ... 42
- 3.2.1 绘制建筑一层平面图 ... 42
- 3.2.2 绘制二层、三层及屋面平面图 ... 52

3.3 绘制建筑立面图 ... 58

  3.3.1 创建三维组合模型 58
  3.3.2 绘制立面图 60
 3.4 绘制建筑剖面图及大样图 62

04 绘制建筑模型 65
 4.1 某拆迁安置房建筑项目介绍 66
 4.2 创建工程 67
 4.3 建筑模型设计 68
  4.3.1 创建墙体 68
  4.3.2 绘制门窗 69
  4.3.3 创建结构柱、梁及楼板 70
  4.3.4 楼梯设计 73
  4.3.5 台阶与散水设计 82

05 模型创建与编辑 85
 5.1 绘图 86
  5.1.1 绘制线条 86
  5.1.2 手绘线工具 88
  5.1.3 矩形工具 88
  5.1.4 圆形工具 90
  5.1.5 多边形工具 90
  5.1.6 圆弧工具 91
 5.2 利用编辑工具建立基本模型 94
  5.2.1 移动工具 94
  5.2.2 推/拉工具 95
  5.2.3 旋转工具 98
  5.2.4 路径跟随工具 99
  5.2.5 缩放工具 101
  5.2.6 偏移工具 102
 5.3 布尔运算 105
  5.3.1 实体外壳工具 106
  5.3.2 相交工具 107
  5.3.3 联合工具 107
  5.3.4 减去工具 108
  5.3.5 剪辑工具 108
  5.3.6 拆分工具 108
 5.4 照片匹配建模 112
 5.5 模型的柔化边线处理 113
 5.6 组织模型 114

	5.6.1 创建组件	115
	5.6.2 创建群组	116
	5.6.3 组件、群组的编辑和操作	117
5.7	建模综合案例	118

06 建筑构件设计 123

6.1	房屋构件设计	124
6.2	园林水景构件设计	130
6.3	植物造景构件设计	135
6.4	园林设施构件设计	142
6.5	园林景观提示牌设计	146

07 SketchUp 之 BIM 建筑结构设计 153

7.1	SketchUp 扩展插件的应用	154
	7.1.1 到扩展应用商店下载插件	154
	7.1.2 SUAPP 建筑设计插件库	155
7.2	SUAPP 建筑结构设计案例	158
	7.2.1 轴网设计	158
	7.2.2 地下层基础与结构柱设计	160
	7.2.3 一层结构设计	164
	7.2.4 二、三层结构设计	166

08 Revit 地形与布局设计 169

8.1	Revit 2018 工作界面	170
8.2	别墅建筑设计项目介绍	172
8.3	建模前的图纸处理	175
8.4	建筑体量设计	178
8.5	别墅布局设计	182

09 Revit 墙体及门窗构件设计 193

9.1	别墅建筑墙体设计	194
9.2	创建门窗及柱梁构件	201

10 Revit 楼地层、楼梯及栏杆设计 213

10.1	别墅建筑楼板与天花板设计	214
10.2	柱、阳台及屋顶设计	220

10.3 楼梯、坡道和栏杆设计 ·· 234

11 钢筋混凝土结构设计 ·· 245

11.1 结构设计基础 ··· 246
11.1.1 建筑结构类型 ·· 246
11.1.2 结构柱、结构梁及现浇楼板的构造要求 ·· 247
11.1.3 Revit 结构设计工具 ·· 248

11.2 Revit 基础结构设计案例 ·· 248
11.2.1 地下层桩基设计 ·· 249
11.2.2 地下层独立基础、梁和板设计 ·· 252
11.2.3 结构墙设计 ·· 256
11.2.4 结构楼板、结构柱与结构梁设计 ··· 257
11.2.5 结构楼梯设计 ·· 264
11.2.6 结构屋顶设计 ·· 267

11.3 Revit 混凝土钢筋设计与布置 ·· 270
11.3.1 利用 Revit 钢筋工具添加基础钢筋 ··· 271
11.3.2 利用速博插件添加梁钢筋 ·· 276
11.3.3 利用 Revit 添加板筋 ·· 278
11.3.4 利用速博插件添加柱筋 ··· 281

12 VRay 真实场景渲染 ·· 283

12.1 展览馆中庭空间渲染案例 ·· 284
12.2 室内厨房渲染案例 ··· 291
12.3 休闲空间渲染案例 ··· 296
12.4 室内客厅布光案例 ··· 306

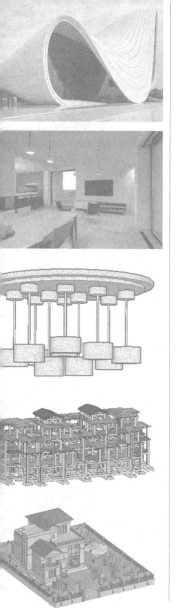

01

建筑设计
新手必备知识

目前 BIM 建筑设计应用越来越广泛，所以现在我们常提到的建筑设计并不是独立完成的，而是需要很多部门协同完成。本书所提到的建筑设计流程中使用的软件都属于 BIM 软件。本章简要介绍什么是 BIM 建筑设计以及完整的 BIM 建筑设计流程等新手必备知识。

 项目分解

- ☑ 建筑信息模型 BIM 概述
- ☑ 建筑设计内容
- ☑ 建筑施工图全套图纸介绍

1.1 建筑信息模型 BIM 概述

建筑环境行业正在就建筑信息模型（BIM）定义、原因以及实现方式等进行激烈争论。BIM 重申了该行业信息密集性的重要性，并强调了技术、人员和流程之间的联系。专家们正在预测该行业即将发生的革命性变革，各国政府正在实施各种全国性方案，并且希望从中收获巨大利益，个人以及各类组织正在迅速为发展进行调整，虽然有些方面已实现一定程度的积极发展，但其他方面发展趋势尚不明朗，仍需假以时日。

1.1.1 什么是 BIM 建筑设计

建筑信息模型（Building Information Modeling，BIM），以建筑工程项目的各项相关信息数据作为模型的基础，进行建筑模型的建立，通过数字信息仿真模拟建筑物所具有的真实信息。

BIM 技术是一种应用于工程设计建造管理的数据化工具，通过参数模型整合各种项目的相关信息，在项目策划、运行和维护的全生命周期过程中进行共享和传递，使工程技术人员对各种建筑信息做出正确理解和高效应对，为设计团队以及包括建筑运营单位在内的各方建设主体提供协同工作基础，在提高生产效率、节约成本和缩短工期方面发挥重要作用。

虽然没有公认的 BIM 定义，但大部分相关资料对"BIM 是什么"的问题给出了相似的答案。没有公认的定义可能是因为 BIM 始终在不断变化：新领域和新的前沿因素不断地慢慢扩充"BIM"的定义。尽管如此，业界仍然给出了一些典型的定义，在这些定义中固有的，以及在关于 BIM 的最近争论中涉及的一些潜在力量需要明确强调说明：

- "建筑""设施""资产"以及"项目"等词汇的使用导致建筑信息模型中的词汇概念模糊。为了避免动词"建筑"与名词"建筑"概念混淆，许多组织使用"设施""项目"或"资产"等词汇代替"建筑"。
- 更多地关注词汇"模型"或者"建模"而不是"信息"，这样做比较合理。有关 BIM 的大多数讨论文件强调，建模所捕获的信息比模型或者建筑工作本身更重要（此指引文件认为，所捕获的信息依赖于开发模型的质量）。有些专家形象地把 BIM 定义为"在建筑资产的整个生命周期的信息管理"。
- "模型"通常可以与"建模"互换使用。BIM 清晰地表现了模型和建模过程，但最终目标远不止于此：通过一个有效的建模过程，实现有效、高效地利用该模型（和模型中存储的信息）才是最终目的。模型是否重要？建模过程是否重要或者模型的应用是否最重要？
- 是否仅与建筑物相关？BIM 也应用于建筑环境的所有要素（新建的和已有的）。在基础设施范围中，BIM 应用越来越流行，BIM 在工业建筑中的应用早于在建筑物中的使用。
- BIM 是否与信息通信技术（ICT）或者软件技术相关？此技术是否已经成熟到能够使我们仅注重与过程和人相关的问题？或者此技术是否仍然与这些问题交织在一起？
- 强调 BIM 的共享非常重要。当整个价值链包含 BIM，并且当技术、工作流程和实践都已经能够支持协作与共享 BIM 时，BIM 可能成为"必须拥有"。

显然，BIM 的整体定义涉及如下三个相互交织的内容：
- 模型本身（项目物理及功能特性的可计算表现形式）。
- 开发模型的流程（用于开发模型的硬件和软件，电子数据交换和互用性，协作工作流程以及项目团队成员就 BIM 和共有数据环境的作用和责任的定义）。
- 模型的应用（商业模式，协同实践，标准和语义，在项目生命周期中产生真正的成果）。

不能只因为对建筑环境行业各方面有不同程度的影响就仅在技术层面对 BIM 进行处理。受影响的有以下方面：

（1）人、项目、企业及整个行业的连续性，如图 1-1 所示。

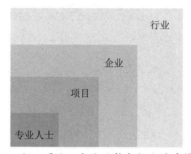

图 1-1　人、项目、企业及整个行业的连续性

（2）项目的整个生命周期，以及主要利益方的观点，如图 1-2 所示。

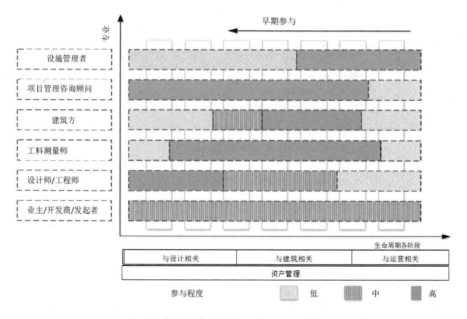

图 1-2　BIM 贯穿于生命周期各阶段以及主要利益方的观点

（3）BIM 与建筑环境基础"操作系统"的联系，如图 1-3 所示。

图 1-3　BIM 与"操作系统"的联系

（4）项目的交付方式，影响所有项目过程。

1.1.2　BIM 生命周期

1. 项目类型及 BIM 实施

从广义上讲，建筑环境产业可以分为两大类项目：房地产项目和基础设施项目。

有些业内说法也将这两个项目称为"建筑项目"和"非建筑项目"。在目前可查阅到的大量文献及指南文件中显示，BIM 信息记录在今天已经取得了极大的进步，与基础设施产业相比，在建筑产业或者房地产业中得到了更好的理解和应用。BIM 在基础设施或者非建设产业中的应用水平滞后了几年，但这些项目也非常适应模型驱动的 BIM 过程。事实上，麦肯锡全球研究院编写的一份 2003 年《基础设施生产率：如何每年节约 1 万亿美元》的报告指出：BIM 可成为一个"提高生产率"的工具，业界利用这个工具每年可以为全球节约 1 万亿美元。BIM 在基础设施产业界的众多支持者相信："孤立地"应用 BIM（由单一的利益方应用 BIM）的历史可能比我们从当今流行文献中获悉的历史更久远。

McGraw Hill 公司的一份名为《BIM 对基础设施的商业价值——利用协作和技术解决美国的基础设施问题》的报告将建筑项目上应用的 BIM 称为"立式 BIM"，将基础设施项目上应用的 BIM 称为"水平 BIM""土木工程 BIM（CIM）"或者"重型 BIM"。

许多组织可能既从事建筑项目也从事非建筑项目，关键的是要理解项目层面的 BIM 实施在这两种情况中的微妙差异。例如，在基础设施项目的初始阶段需要收集和理解的信息范围可能在很大程度上与房地产开发项目相似。并且，基础设施项目的现有条件、邻近资产的限制、地形，以及监管要求等也可能与建筑项目极其相似。因此，在一个基础设施项目的初始阶段，地理信息系统（GIS）资料以及 BIM 的应用可能更加重要。

建筑项目与非建筑项目的团队结构以及生命周期各阶段可能也存在差异（在命名惯例和相关工作布置方面），项目层面的 BIM 实施始终与其"以模型为中心"的核心主题以及信息、合作及团队整合的重要性保持一致。

2. BIM 与项目生命周期

实际经验已经充分表明，仅在项目的早期阶段应用 BIM 将会限制发挥其效力，而不会提供企业寻求的投资回报。如图 1-4 所示，为 BIM 在一个建筑项目整个生命周期中的应用。重要的是，项目团队中负责交付各种类别、各种规模项目的专业人士应理解"从摇篮到摇篮"的项目周期各阶段的 BIM 过程。理解 BIM 在"新建不动产或者保留的不动产"之间的交叉应用也非常重要。

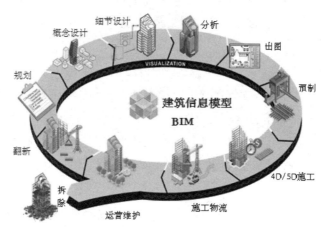

图 1-4　BIM 在一个建筑项目整个生命周期中的应用

开发一个包含项目周期各阶段、各阶段的关键目标、BIM 目标、模型要求以及细化程度（发展程度）的矩阵是成功实施 BIM 的重要因素。

1.1.3　BIM 建筑设计使用的软件

在本书中将使用以下软件进行建筑绘图与 BIM 模型设计。

1. AutoCAD

AutoCAD 是 Autodesk 公司旗下的一款著名的工程制图软件。在 BIM 建筑设计中主要担任前期方案图纸绘制、工程施工图绘制及后期图纸整理和出图打印等工作。本书除了能让读者感受到 AutoCAD 制图软件的魅力，还将介绍一款国内最为流行的专业的建筑设计软件——浩辰云建筑。浩辰云建筑其实是一款搭载到 AutoCAD 上的建筑专业制图及建模插件程序。

2. SketchUp

SketchUp 是一款极受欢迎并且易于使用的 3D 设计软件，它的主要卖点就是使用简便，人人都可以快速上手。

在 BIM 建筑设计中，SketchUp 常用来构建外形比较复杂的建筑模型，比如中式建筑和造型前卫的异形建筑，如图 1-5 所示。

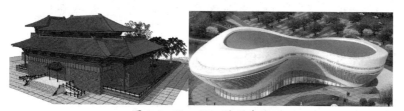

图 1-5　SketchUp 造型建筑

3. Revit

Revit 是 BIM 建筑的代表性软件。Revit 软件主要用来进行模型设计、结构设计、系统设备设计及工程出图，就是包含了 BIM 中从规划、概念设计、细节设计、分析到出图的各阶段工作。

可以说，BIM 是一个项目的完整设计与实施理念，而 Revit 是其中应用最为广泛的一种辅助工具。

Revit 具有以下五大特点。

- 使用 Revit 可以导出各建筑部件的三维设计尺寸和体积数据，为概预算提供资料，资料的准确程度同建模的精确成正比。
- 在精确建模的基础上，用 Revit 建模生成的平立图完全对得起来，图面质量受人因素的影响很小，而对建筑和 CAD 绘图理解不深的设计师画的平立图可能有很多地方不交接。
- 其他软件只能解决一个专业的问题，而 Revit 能解决多个专业的问题。Revit 不仅有建筑、结构、设备，还有协同、远程协同，带材质输入 3ds Max 的渲染、云渲染，碰撞分析，绿色建筑分析等功能。
- 强大的联动功能，平面、立面、剖面、明细表双向关联，一处修改，处处更新，自动避免低级错误。
- Revit 设计节省成本，节省设计变更，加快工程周期，而这些恰恰是一款 BIM 软件应该具有的特点。

4. VRay

VRay 是一款强大的建筑模型渲染软件。对于过去的很多渲染程序，用户在创建复杂的场景时，必须花大量时间调整光源的位置和强度才能得到理想的照明效果，而 VRay 版本具有全局光照和光线追踪的功能，在完全不需要放置任何光源的场景时，也可以渲染出很出色的图片，并且完全支持 HDRI 贴图，具有很强的着色引擎、灵活的材质设定、较快的渲染速度等特点。最为突出的是它的焦散功能，可以产生逼真的焦散效果，所以又具有"焦散之王"的称号。

VRay 可以搭载到 SketchUp、Revit 等软件中使用。

1.2 建筑设计内容

在建筑设计的三个阶段中，有哪些设计图纸所需内容与设计要求呢？下面进行简要介绍。

1.2.1 方案设计阶段

1. 设计任务书

建筑方案设计是依据设计任务书而编制的文件。设计任务书是业主对工程项目设计提出的要求，是工程设计的主要依据。进行可行性研究的工程项目，可以用批准的可行性研究报告代替设计任务书。设计任务书包括以下内容：

（1）设计项目名称、建设地点。

（2）批准设计项目的文号、协议书文号及其有关内容。

（3）设计项目的用地情况，包括建设用地范围地形、场地内原有建筑物、构筑物、要求保留的树木及文物古迹的拆除和保留情况等，还应说明场地周围道路及建筑等环境情况。

（4）工程所在地区的气象、地理条件，建设场地的工程地质条件。

（5）水、电、气、燃料等能源供应情况，公共设施和交通运输条件。

（6）用地、环保、卫生、消防、人防、抗震等要求和依据资料。

（7）材料供应及施工条件情况。

（8）工程设计的规模和项目组成。

（9）项目的使用要求或生产工艺要求。

（10）项目的设计标准及总投资。

（11）建筑造型及建筑室内外装修方面的要求。

2. 方案设计图纸与文件

建筑方案设计阶段的图纸和文件列举如下：

（1）设计总说明、设计指导思想及主要依据，设计意图及方案特点，建筑结构方案及构造特点，建筑材料及装修标准，主要技术经济指标以及结构、设备等系统的说明。

（2）建筑总平面图比例 1:500、1:1000，应表示用地范围，建筑物位置、大小、层数及设计标高，道路及绿化布置，技术经济指标。地形复杂时，应表示粗略的竖向设计意图。

（3）各层平面图、剖面图、立面图比例 1:100、1:200，应表示建筑物各主要控制尺寸，如总尺寸、开间、进深、层高等，同时应表示标高、门窗位置和室内固定设备及有特殊要求的厅、室的具体布置，立面处理，结构方案及材料选用等。

（4）工程概算书，建筑物投资估算，主要材料用量及单位消耗量。

（5）透视图、鸟瞰图或制作模型。

1.2.2 初步设计阶段

初步设计是根据批准的可行性研究报告或设计任务书而编制的初步设计文件。初步设计文件由设计说明书（包括设计总说明和各专业的设计说明书）、设计图纸、主要设备及材料表和工程概算书等四部分内容组成。

初步设计文件的编排顺序为：

（1）封面。

（2）扉页。

（3）初步设计文件目录。

（4）设计说明书。

（5）图纸。

（6）主要设备及材料表。

（7）工程概算书。

在初步设计阶段，各专业应对专业内容的设计方案或重大技术问题的解决方案进行综合技术经济分析，论证技术上的适用性、可靠性和经济上的合理性，并将其主要内容写进初步设计说明书中。设计总负责人对工程项目的总体设计在设计总说明中予以论述。为编制初步设计文件，应进行必要的内部作业，有关的计算书、计算书辅助设计的计算资料、方案比较资料、内部作业草图、编制概算所依据的补充资料等，均须妥善保存。

1.2.3 施工图设计阶段

施工图设计的主要任务是满足施工要求，即在初步设计或技术设计的基础上，综合建筑、结构、设备各工种，相互交底、核实核对，深入了解材料供应、施工技术、设备等条件，把满足工程施工的各项具体要求反映在图纸中，做到整套图纸齐全统一，明确无误。

施工图设计的图纸及设计文件如下：

（1）建筑总平面。常用比例 1∶500、1∶1000、1∶2000，应详细标明基地上建筑物、道路、设施等所在位置的尺寸、标高，并附说明。

（2）各层建筑平面、各个立面及必要的剖面。常用比例为 1∶100、1∶200。除表达初步设计或技术设计内容以外，还应详细标出墙段、门窗洞口及一些细部尺寸、详细索引符号等。

（3）建筑构造节点详图。根据需要可采用 1∶1、1∶2、1∶5、1∶20 等比例。主要包括檐口、墙身和各构件的连接点，楼梯、门窗以及各部分的装饰大样等。

（4）各工种相应配套的施工图纸。如基础平面图和基础详图，楼板及屋顶平面图和详图，以及结构构造节点详图等结构施工图；给排水、电器照明以及暖气或空气调节等设备施工图。

（5）建筑、结构及设备等的说明书。

（6）结构及设备设计的计算书。

（7）工程预算书。

1.3 建筑施工图全套图纸介绍

一套工业与民用建筑的建筑施工图，通常包括的图纸有总平面图、平面图、立面图、剖面图、详图与透视图等几大类。

1. 建筑总平面图

建筑总平面图反映了建筑物的平面形状、位置以及周围的环境，是施工定位的重要依据。

总平面图的特点如下：

- 由于总平面图包括的地方范围大，因此绘制时用较小比例，一般为1:2000、1:1000、1:500等。
- 总平面图上的尺寸标注一律以米（m）为单位。
- 标高标注以米（m）为单位，一般注至小数点后两位，采用绝对标高（注意室内外标高符号的区别）。

总平面图的内容包括新建筑物的名称、层数、标高、定位坐标或尺寸、相邻有关的建筑物（已建、拟建、拆除）、附近的地形地貌、道路、绿化、管线、指北针或风玫瑰图、补充图例等，如图1-6所示。

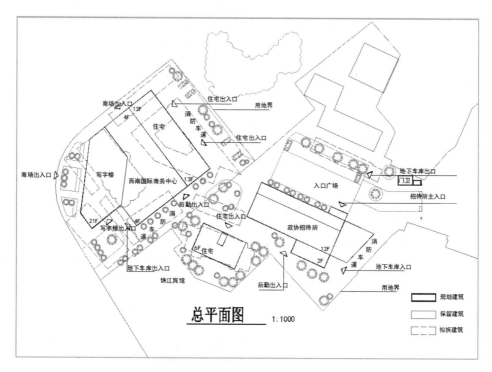

图1-6　建筑总平面图

2. 建筑平面图

建筑平面图是按一定比例绘制的建筑的水平剖切图。

可以这样理解，建筑平面图就是将建筑房屋窗台以上部分进行剖切，将剖切面以下的部分投影到一个平面上，然后用直线和各种图例、符号等直观地表示建筑在设计和使用上的基本要求和特点。

建筑平面图一般比较详细，通常采用较大的比例，如1:200、1:100和1:50，并标出实际的详细尺寸。如图1-7所示为某建筑标准层平面图。

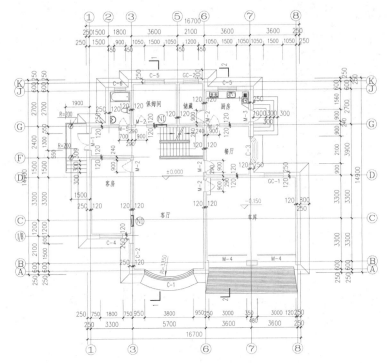

图 1-7 某建筑标准层平面图

3. 建筑立面图

建筑立面图主要用来表达建筑物各个立面的形状、尺寸及装饰等。它表示的是建筑物的外部形式，说明建筑物长、宽、高的尺寸，表现楼地面标高，屋顶的形式，阳台位置和形式，门窗洞口的位置和形式，外墙装饰的设计形式，以及材料及施工方法等。如图 1-8 所示为某图书馆建筑立面图。

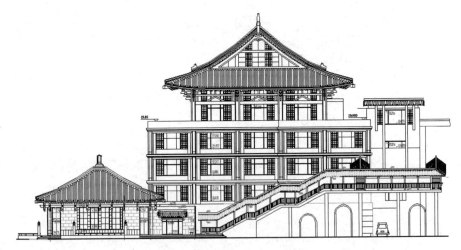

图 1-8 某图书馆建筑立面图

4. 建筑剖面图

建筑剖面图是将某个建筑立面进行剖切而得到的一个视图。建筑剖面图表达了建筑内部的空间高度，以及室内立面布置、结构和构造等情况。

在绘制剖面图时，剖切位置应选择在能反映建筑全貌、构造特征，以及有代表性的位置，如楼梯间、门窗洞口及构造较复杂的部位。

建筑剖面图可以绘制一个或多个，这要根据建筑房屋的复杂程度来定。

如图1-9所示为某别墅建筑剖面图。

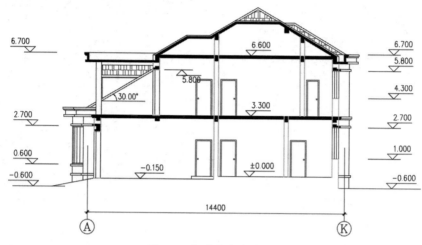

图1-9　某别墅建筑剖面图

5. 建筑详图

由于总平面图、平面图及剖面图等所反映的建筑范围大，难以表达建筑细部构造，因此需要绘制建筑详图。

绘制建筑详图主要用以表达建筑物的细部构造、节点连接形式以及构件、配件的形状大小、材料与做法，如楼梯详图、墙身详图、构件详图、门窗详图等。

详图要用较大比例绘制（如1:20、1:5等），尺寸标注要准确齐全，文字说明要详细。如图1-10所示为建筑（局部）详图。

6. 建筑透视图

除上述图纸外，在实际建筑工程中还经常要绘制建筑透视图。由于建筑透视图表示建筑物内部空间或外部形体与实际所能看到的建筑本身相类似的主体图像，它具有强烈的三维空间透视感，非常直观地表现了建筑的造型、空间布置、色彩和外部环境等多方面内容。因此，常在建筑设计和销售时辅助使用。

建筑透视图一般要严格地按比例绘制，并进行绘制上的艺术加工，这种图通常被称为建筑表现图或建筑效果图。一幅绘制精美的建筑表现图就是一件艺术作品，具有很强的艺术感染力。如图1-11所示为某楼盘建筑透视图。

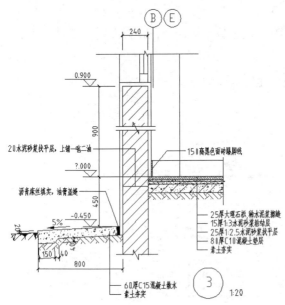

图 1-10 建筑（局部）详图　　　　图 1-11 某楼盘建筑透视图

7. 建筑结构平面布置图

建筑结构平面布置图是表示房屋中各承重构件总体平面布置的图样。它包括如下内容：

（1）条形基础平面布置图及基础详图，如图 1-12 所示。

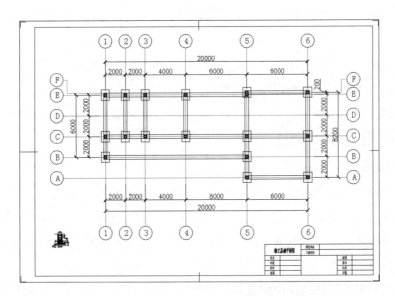

图 1-12 条形基础平面布置图及基础详图

（2）楼层结构平面布置图及节点详图，如图 1-13 所示。

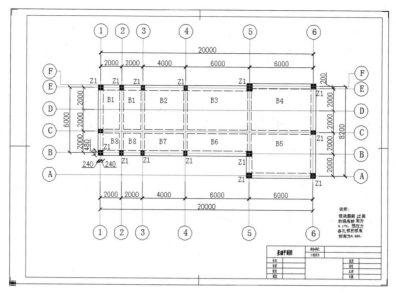

图 1-13 楼层结构平面布置图及节点详图

(3) 楼板配筋图,如图 1-14 所示。

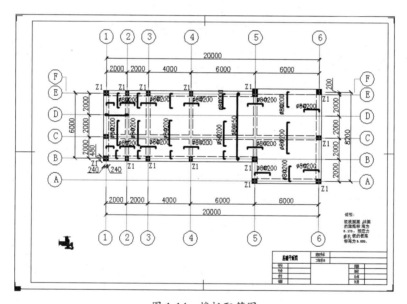

图 1-14 楼板配筋图

8. 结构构件详图

构件详图包括:

(1) 梁、柱、板等结构详图。

(2) 楼梯结构详图。

(3) 屋架结构详图。

(4) 其他详图。

如图 1-15 所示为某楼层的一层楼梯结构详图。

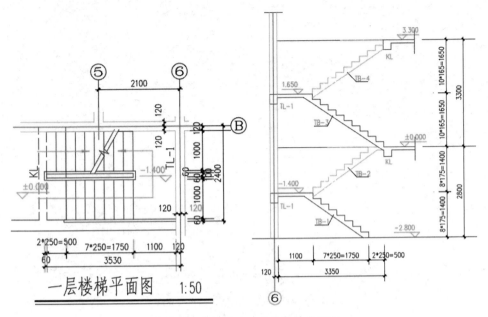

图 1-15　某楼层的一层楼梯结构详图

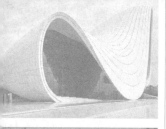

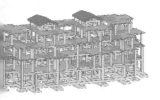

02

绘制建筑总平面图

建筑总平面图主要表示整个建筑基地的总体布局，是具体表达新建房屋的位置、朝向以及周围环境（原有建筑、交通道路、绿化、地形）基本情况的图样。本章将使用浩辰云建筑软件进行建筑总平面图设计。

- ☑ 浩辰云建筑 2018 简介
- ☑ 了解建筑总平面图
- ☑ 某中心小学建筑设计方案规划图案例

扫码看视频

2.1 浩辰云建筑 2018 简介

浩辰云建筑 2018 软件是国内优秀软件开发商苏州浩辰软件的一款建筑设计软件。浩辰 CAD 专业软件包含：建筑、节能、给排水、暖通、电气、结构、电力、机械、图档管理软件等，是国内唯一拥有勘察设计行业一体化整体解决方案的厂商。这种既保证当前方案"一体可用"又能提供自由选择专业软件及专业软件自由升级的"一站式"解决方案，是客户利益与产业环境开放良性发展的最佳结合。

2.1.1 浩辰云建筑 2018 特色功能

以下是浩辰云建筑 2018 开发的特色功能，在当前所有的建筑设计软件中独树一帜。

1. 新提供门窗编号动态更新功能

只需要通过拖动夹点、对象编辑和特性表编辑几个方式修改门窗的宽、高参数，门窗编号即可动态更新，而不需要手动更新，如图 2-1 所示。

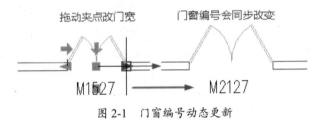

图 2-1 门窗编号动态更新

2. 新提供双层门窗功能

浩辰双层门窗会自动选择已有门窗的另一侧插入需要的位置，双层门窗中任意一个门窗的宽度改变，另一个门窗会同步更新，如图 2-2 所示。

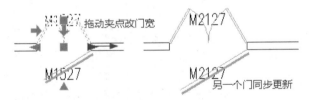

图 2-2 双层门窗功能

3. 新提供基于动态图块的门窗参数化动态样式

（1）平开门可自动随门宽变化切换样式。在大多数插入平开门的应用场景中，随门宽自动在单扇门和双扇门之间切换，大大提高了绘制门的速度，必要时也可以使用固定的单/双扇门图块，如图 2-3 所示。

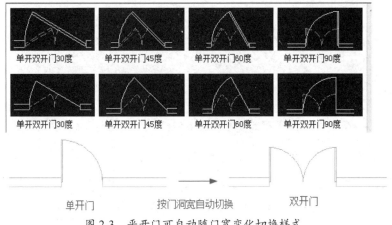

图 2-3 平开门可自动随门宽变化切换样式

（2）门窗绘制从此摆脱自应用 CAD 技术以来，门窗图块尺寸必须按墙厚以及门宽的 X、Y 方向比例缩放带来的困扰，如今在新技术下，门窗绘制保留了细节参数，不因墙厚、门窗宽度变化而变形，门框宽度、门扇厚度都可以按用户设计参数维持不变。如图 2-4 所示，密闭门铰链靠墙边，之前改变墙厚之后门与墙关系就脱离了，再看下面的门套门，之前也不能适用于不同墙厚，如今对应不同墙厚，基于动态块的门窗可以自动按实际情况正确处理，右图的窗扇厚也不随墙厚变化。

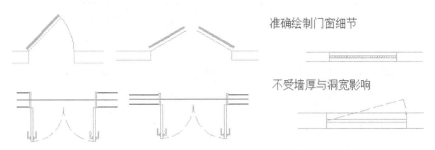

图 2-4 不受墙厚与洞宽影响的门窗设计

4. 自动修正图块镜像文字和填充图案，支持图块和外部参照

（1）图形对象可以随视口比例和转角，自动调整自身的显示比例和转角；建筑师希望将平面户型图做成图块，通过镜像获得对称的部分，但是由于门窗编号和详图填充在镜像后不能保持正确的阅读方向，无法充分利用镜像或者不能对门窗编号。现在浩辰 CAD 建筑图块在镜像后，图块或参照内门窗编号、文字、表格以及填充图案保持正确的出图和阅读方向，方便了同类图形的复用，绘图工效可以明显提高，如图 2-5 所示。

（2）全面支持使用平面图的外部参照，创建建筑立面和建筑剖面。

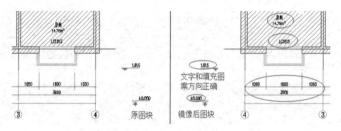

图 2-5　镜像文字与图形后保持正确的阅读方向

5. 浩辰建筑墙柱对象技术先进，材料自由扩展

（1）浩辰建筑特有不打断和自动打断两种绘制模式，可单击开关随时切换绘制模式。创新的墙体不打断模式解决了跨隔墙开窗难题，方便整体编辑，如图 2-6 所示。

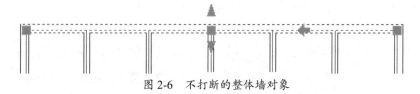

图 2-6　不打断的整体墙对象

（2）图 2-6 中的整体墙对象以【墙体分段】命令分解为图 2-7 中的独立墙对象，反之使用【墙体合并】命令转换为图 2-6 中的整体墙对象。

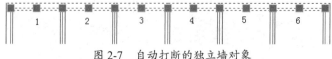

图 2-7　自动打断的独立墙对象

（3）墙体对象之间相交无论是在二维视图中还是在三维视图中都能做到自动清理，在三维视角下，墙体之间垂直连接，符合设计要求，效果美观。

（4）墙体材料可以由用户在【图形设置】->加粗填充页面中增加，新材料的特性由用户自定义，绘制墙体时可选择自定义的新材料。

6. 墙体智能联动和墙体连接处智能处理

（1）创新的墙体联动修改功能，拖动一道墙体，与这道墙体相关的其他墙体会随之联动，由状态栏的智能联动开关图标控制，默认联动开关为打开。

（2）不同材料墙体相接时，显示和遮挡关系按材料之间优先级正确处理，对玻璃幕墙处理效果好。

7. 浩辰建筑门窗独家推出的特色功能

（1）独有动态样式门窗图库，支持基于动态图块创建门窗，不再只是依照图块 X、Y 方向尺寸缩放门窗图块，而是通过制定一系列动作规则，改变门窗图块的参数，大大简化门窗图块的数量，同时又可以准确绘制门窗图形，对于以往的密闭门、装饰门套等可以方便地进行绘制，如图 2-8 所示。

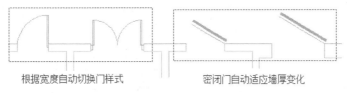

图 2-8 支持基于动态图块创建门窗

（2）特有多墙插门窗功能，选墙后自动按开间（进深）批量插入给定样式门窗，如图 2-9 所示。

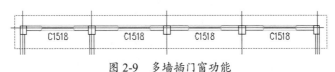

图 2-9 多墙插门窗功能

（3）对于普通窗可进行跨墙绘制。

（4）异型凸窗设计功能，如图 2-10 所示。

图 2-10 异型凸窗设计

（5）特有的带形窗对象可以在三维视角下显示分格窗棂线，分格宽度用户可调，如图 2-11 所示。

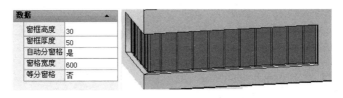

图 2-11 可调的窗框与窗格尺寸

（6）利用【转角窗】命令可快速地预览效果，不同窗宽时可以按 Shift 键切换宽度，如图 2-12 所示。

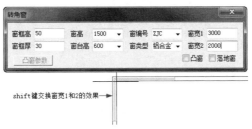

图 2-12 转角窗的绘制

（7）利用【门窗管理】命令可集中管理、快速检查和灵活编辑工程或当前图中所有门窗，独家支持多级嵌套外部参照和平面图图块，可以生成含整个工程外部参照门窗的门窗总表，表中的门窗类型排列可以由用户详细定义，如图 2-13 所示。

图 2-13　门窗管理

8. 独有智能联动的标注系统（支持尺寸、标高、坐标标注）

（1）【坐标标注】命令基于《总图制图标准》开发，坐标对象之间有智能联动特性，数值基于基准坐标，可动态关联更新，如图 2-14 所示。

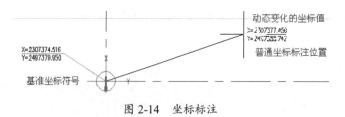

图 2-14　坐标标注

（2）【标高标注】命令将平面标高和立面标高互相独立，首创基准标高传递功能，楼层标高无须按文字注写，可自动更新，如图 2-15 所示。

图 2-15　标高标注

（3）【门窗标注】命令支持门窗的复制、镜像、插入、移动、删除等编辑操作，门窗进行上述改动后门窗尺寸标注自动更新；支持参照下标注门窗，可选按轴线或墙段标注，如图 2-16 所示。

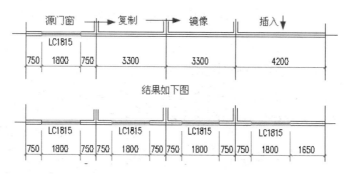

图 2-16 门窗标注

9. 新的房间面积计算、洁具布置和网格填充

（1）【搜索房间】命令支持嵌套洞口以及房间中独立柱扣减面积计算，支持直接搜索阳台面积，自动指定面积折减，面积计算准确，如图 2-17 所示。

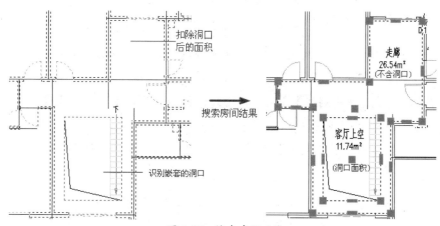

图 2-17 搜索房间功能

（2）【查询面积】命令提供了墙边线、墙中线、墙基线 3 种面积查询方式，方便公共建筑面积统计。

（3）利用【面积计算】命令能直接选择房间面积对象、阳台对象、填充图形、多段线、数值文字进行面积计算，获得结果标注在图上，还可标注计算过程的算式，方便审图单位核查。

（4）独有网格填充对象，为常用的天花、地板填充和对齐提供了快捷高效的方法，如图 2-18 所示。

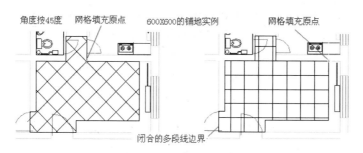

图 2-18 独有的网格填充

(5) 独有支持《建筑设计通则》的洁具布置命令,提供了符合规范的洁具布置规则和排列模式。

10. 独特的封阳台对象绘制多种封闭阳台

(1) 阳台对象除普通阳台外,扩充了同类软件长期欠缺的封闭阳台。

(2) 支持全封闭阳台和任意墙板开窗的局部封闭阳台,如图 2-19 所示。

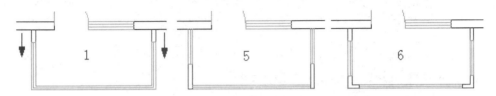

图 2-19 支持全封闭阳台及局部封闭阳台的创建

(3) 封阳台使用可调宽度的带形窗分格,效果美观。

11. 全新设计的【建筑立面】和【建筑剖面】命令

(1)【建筑立面】和【建筑剖面】命令:创建建筑层线,创建连续轴号,轴号新增可开关的立剖轴线,自动标注层号,自动生成图名和文件名。

(2)【建筑立面】、【建筑剖面】、【构件立面】、【构件剖面】、【建筑切割】、【三维切割】、【楼层组合】命令支持参照和图块内模型。

(3)【建筑立面】命令增加自动从首层平面取首尾轴线功能,如图 2-20 所示。

图 2-20 自动从首层平面取首尾轴线功能

12. 独有的随布局视口特性,方便协同设计

(1)【定义视口】命令支持随视口转角与随视口比例特性,如图 2-21 所示。

(2) 如图 2-22 所示为视口中从模型空间参照的图形,随视口比例 1:50 的效果。

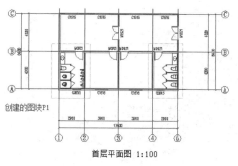
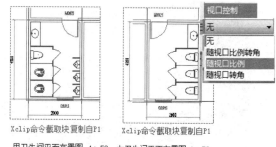

图 2-21　定义视口　　　　　　图 2-22　视口中从模型空间参照的图形

13. 右键菜单命令支持对象编辑

（1）右键菜单命令支持不同对象特性对应的编辑命令。

（2）提供先选择后执行的快捷命令，即可获得面积和长度的量度结果，如图 2-23 所示。

图 2-23　右键菜单命令

14. 其他新推出的特色命令功能

（1）利用【三维漫游】命令可快速渲染和漫游观察建筑三维模型（单层模型和建筑整体模型），支持材质贴图以增强模型漫游的真实感，贴图材质可自定义。

（2）利用【图形检查】命令可以检测和清理重叠和部分重叠的图形对象（墙、柱、窗、房间、平板、图块等），操作十分方便。

（3）利用【导出表格】和【导入表格】命令可以与流行办公软件共享数据，支持微软 MS Office 和国产 WPS Office。

（4）支持自动切割的单折断线和双折断线。

2.1.2　下载与安装浩辰云建筑 2018

浩辰云建筑 2018 是一款免费试用 363 天的建筑设计软件。该软件下载官方网站地址为 http://jz.gstarcad.com/。

该软件的安装与 AutoCAD 软件的安装类似，几个步骤即可完成。如图 2-24 所示为浩辰云建筑 2018 安装界面。

在桌面上双击【浩辰云建筑 2018】软件图标，会弹出选择 AutoCAD 软件平台的选择窗口，选择 AutoCAD 软件版本后，单击【确定】按钮后再单击【试用】按钮，即可进入 AutoCAD 2018 软件平台中，如图 2-25 所示。

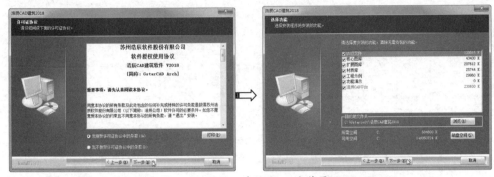

图 2-24　浩辰云建筑 2018 安装界面

图 2-25　选择 AutoCAD 软件平台并试用浩辰云建筑 2018

2.1.3　AutoCAD 2018 中的浩辰云建筑 2018 工具

浩辰云建筑 2018 是搭载到 AutoCAD 2018 中进行使用的，也就是说浩辰云建筑 2018 是一个建筑设计插件。在打开的 AutoCAD 2018 中可以看到，在原有的 AutoCAD 界面窗口中，分别提供了折叠式平屏幕工具箱面板及【工程管理器】工具箱面板，如图 2-26 所示。

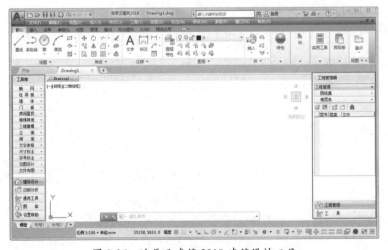

图 2-26　浩辰云建筑 2018 建筑设计工具

1. 折叠式平屏幕工具箱

采用折叠式工具箱菜单界面，集成软件所有功能，分类清晰、操作高效、允许个性化定制。

界面图标使用了 256 色，提供了【建筑设计】等多个工具箱，支持鼠标滚轮快速滚动过长的菜单，工具箱在【自定义】命令中提供"自动隐藏"选项，仅显示当前工具箱，其他工具箱隐藏以节省空间，便于容纳较长的菜单，当光标移动到当前工具箱标题时会自动展开全部工具箱标题供用户切换。折叠式工具箱与菜单的操作方式如图 2-27 所示。

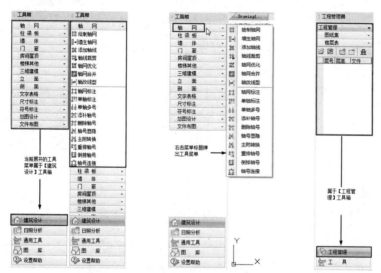

图 2-27　折叠式工具箱与菜单的操作方式

2.【特性】管理器

【特性】管理器是 AutoCAD 向用户提供的一种交互式属性设置工具选项面板，默认情况下是没有显示【特性】管理器面板的，需要在菜单栏中执行【工具】|【选项】|【特性】命令，才能打开【特性】管理器选项板，此【特性】管理器选项板可以在三维建模阶段或图纸设计阶段用来定义对象的属性，比如墙体材质、颜色、线型、尺寸及标高设置等，如图 2-28 所示。

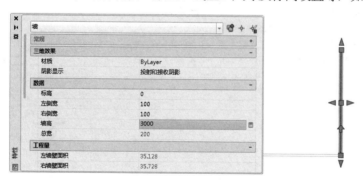

图 2-28　【特性】管理器选项板

2.1.4　工程管理

利用【工程管理】命令启动【工程管理】界面，建立各楼层平面图，其中包括一个图形表示一个标准层，还包括一个图形包括多个平面图，一个主图附着多个外部参照与图块等多种平面图等多种形式组成的楼层表，在下方提供了创建立面、剖面、三维模型等图形的工具菜单。

下面介绍【工程管理】界面的具体操作。

在【工程管理器】面板中,单击【工程管理】右侧的下拉按钮打开【工程管理】下拉列表,如图 2-29 所示。

1. 新建工程

选择【新建工程】选项,弹出【新建工程】对话框。输入工程名称及工程文件的保存路径后,单击【确定】按钮,即可创建新的工程项目,如图 2-30 所示。

图 2-29　【工程管理】下拉列表

图 2-30　【新建工程】对话框

> **技巧点拨**
>
> 在【新建工程】对话框中选取保存该工程 DWG 文件的文件夹作为路径,键入新工程名称,根据不同情况采用不同的操作,说明如下:
>
> (1)如果你打算先创建工程,后绘制平面图,可以保留【创建工程文件夹】的勾选,给出工程位置,这样会在工程位置下面创建以工程名为名称的一个新文件夹,在其中创建一个以输入的工程名为名称的 ipj 文件。
>
> (2)如果你已经有一个用于本工程的工程文件夹,不必重新创建,此时应取消【创建工程文件夹】的勾选,给出已有的工程文件夹位置,输入的工程名的 ipj 文件将写入原有工程文件夹下。
>
> (3)单击【确定】按钮,把新建工程保存为"工程名称.ipj"文件,按当前数据更新工程文件。

2. 打开工程

【打开工程】选项用于打开已有的工程文件。在对话框中浏览要打开的工程文件(*.ipj),单击【打开】按钮,打开该工程文件,如图 2-31 所示。

图 2-31　打开工程文件

3. 最近工程

选择【最近工程】选项,可以看到最近打开过的工程列表,单击其中一个工程即可打开。用户可以在折叠式工具箱面板的【设置帮助】工具箱中选择【选项配置】命令,弹出【选项配置】对话框,然后在【高级选项】标签下【工程管理】项目中将【自动加载最近工程】设置为"是",启动软件时自动加载最近工程,默认启动软件时不自动加载最近工程,如果需要频繁加载最近工程，可以修改为启动软件时自动加载最近工程，如图 2-32 所示。

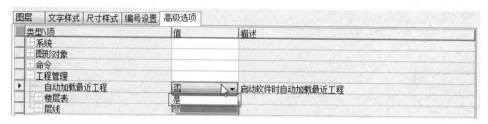

图 2-32　设置自动加载最近工程

2.2　了解建筑总平面图

建筑施工中，建筑总平面图是将拟建的、原有的、要拆除的建筑物或构筑物，以及新建、原有道路等内容用水平投影方法在地形图上绘制出来，便于施工人员阅读。

2.2.1　建筑总平面图的功能与作用

建筑总平面图的功能与作用表现如下：
- 总平面图在方案设计阶段着重体现拟建建筑物的大小、形状及周边道路、房屋、绿地和建筑红线之间的关系，表达室外空间设计效果。
- 在初步设计阶段，通过进一步推敲总平面设计中涉及的各种因素和环节，推敲方案的合理性、科学性。初步设计阶段总平面图是方案设计阶段总平面图的细化，为施工图设计阶段的总平面图打基础。
- 施工图设计阶段的总平面图，是在深化初步设计阶段内容的基础上完成的，能准确描述建筑的定位尺寸、相对标高、道路竖向标高、排水方向及坡度等；是单体建筑施工放线，确定开挖范围及深度，场地布置以及水、暖、电管线设计的主要依据，也是道路及围墙、绿化、水池等施工的重要依据。
- 总平面设计在整个工程设计、施工中具有极其重要的作用，而建筑总平面图则是总平面设计当中的图纸部分，在不同的设计阶段作用有所不同。

由于总平面图采用较小比例绘制，各建筑物和构筑物在图中所占面积较小，根据总平面图的作用，无须绘制得很详细，可以用相应的图例表示，《总图制图标准》中规定的几种常用图例，见表 2-1。

表 2-1 建筑总平面图的常见图例

符 号	说 明	符 号	说 明
(矩形带X及三角标记)	新建筑物，粗线绘制。需要时，表示出入口位置▲及层数 X。轮廓线以±0.00 处外墙定位轴线或外墙皮线为准。需要时，地上建筑用中实线绘制，地下建筑用细虚线绘制	(粗虚线矩形)	新建地下建筑或构筑物，粗虚线绘制
(中虚线矩形)	拟扩建的预留地或建筑物，中虚线绘制	(细实线矩形)	原有建筑，细线绘制
(带×号矩形)	拆除的建筑物，用细实线表示	(通道图例)	建筑物下面的通道
(网格图例)	广场铺地	(台阶图例带箭头)	台阶，箭头指向表示向上
(烟囱图例)	烟囱。实线为下部直径，虚线为基础。必要时，可注写烟囱高度和上下口直径	(实体围墙图例)	实体性围墙
(通透围墙图例)	通透性围墙	(挡土墙图例)	挡土墙。被挡土在【突出】的一侧
(填挖边坡图例)	填挖边坡。边坡较长时，可在一端或两端局部表示	(护坡图例)	护坡。边坡较长时，可在一端或两端局部表示
X323.38 / Y586.32	测量坐标	A123.21 / B789.32	建筑坐标
32.36(±0.00)	室内标高	32.36	室外标高

2.2.2 AutoCAD 建筑总平面图的绘制方法

在实际工作中，建筑绘图一般是从一层平面开始绘制。因此绘制总平面图的方法是将经过修改后的屋顶层平面加上一层平面中详尽的环境及室外附属工程调入方案比较再进行修改和深化，加上辅助说明性图素，即可完成总平面图的绘制。

1. 绘图准备

使用 AutoCAD 绘图之前，首先应对绘图环境做必要的设置，以便于以后的工作。建立总平面图的绘图环境，包括图域、图层、线型、字体与尺寸标注格式等参数的设置。

2. 地形图的绘制

任何建筑都是基于甲方提供的地形现状图进行设计的。在进行设计之前，设计师必须首先绘制地形现状图。总平面图中的地形现状图的输入，依据具体的条件不同，内容也不尽相同，有繁有简。一般可分为 3 种情况：一是高差起伏不大的地形，可近似地看作平地，用简单的绘图命令即可完成；二是较复杂的地形，尤其是高差起伏较剧烈的地形，应用 line、mline、pline、arc、spline、sketch 等命令绘制等高线或网格形体；三是特别复杂的地形，可以用扫描仪扫描为光栅文件，用 xref 命令进行外部引用，也可用数字化仪直接输入为矢量文件。

3. 地物的绘制

对于现状图中的地物通常用简单的二维绘图命令按相应规范即可绘制。这些地物主要包括铁路、道路、地下管线、河流、桥梁、绿化、湖泊、广场、雕塑等。

地物的一般绘制步骤为先用 mline、pline 等命令绘制一定宽度的平行线，也可用 line 命令和 offset 命令绘制平行线，然后用 fillet、chamfer、trim、change 等编辑命令进行倒角、剪切等操作，最后用点画线绘制道路中心线，用 solid 命令填充铁路短黑线，用 hatch 命令填充流水等。

现状图中的其他地物也可用基本的二维绘图方法绘制，如用户拥有其他具有专业图库的建筑软件或已在 AutoCAD 中建立了专业图形库，也可用 insert 命令插入相应形体（如树、绿化带、花台等），然后用 array、copy、offset、move、scale、lengthen 等命令进行修改编辑，直到符合要求为止。用户可通过不同途径绘制这些地物地貌，达到同一目的，关键是用户需在不断的绘图实践中总结方法与技巧，熟练运用编辑命令。

4. 原有建筑的绘制

建筑设计规范规定原有建筑在总平面图设计中用细实线绘制，而且在总平面图设计中，必须反映新旧建筑关系。作为方案设计阶段，由于一般建筑形体比较规则，往往只需绘制若干简单的形体，这些形体只要尺寸大小和位置准确，用二维绘图命令就能完成全部图形的绘制。绘制原有建筑物、构筑物的二维绘图方法通常可用 line、pline、arc、circle、polygon、ellipse 等二维绘图命令绘制。绘制时主要应注意形体的定位。另外，对于总平面图一些需用符号表示的构筑物如水塔、泵房、消火栓、电杆、变压器等应符合制图规范，并可将这些图例统一绘制成块以供调用，也可从专业图库中调用。

5. 红线的绘制

在建筑设计中，有两种红线：建筑红线和用地红线。用地红线是主管部门或城市规划部门依据城市建设总体规划要求确定的可使用的用地范围；建筑红线是拟建建筑可摆放在该用地范围中的位置，新建建筑不可超出建筑红线。用地红线一般用点画线绘制，建筑红线一般用粗虚线绘制，它一般由比较简单的直线或弧线组成，颜色宜设置为红色。因此要用指定线型绘制。

6. 辅助图素的绘制

在总平面图设计中的其他一些辅助图素（如大地坐标、经纬度、绝对标高、特征点标高、风玫瑰图、指北针等）可用尺寸标注、文本标注等方式标注或调用（绘制）图块。由于这些数值或参数是施工设计和施工放样的主要参考标准，因此设计绘图中应注意绘制精确、定位准确。通常单体设计项目大多先布置建筑，然后布置相关道路，而群体规划项目则大多先布置道路网，然后布置建筑。需要注意的是新建建筑必须在图中以粗实线表示，不能超出建筑红线的范围。

对于绿化与配景可以直接用二维绘图命令绘制。如果用预先建立好的各种建筑配景图块直接插入，就可以提高工作效率。用户在平常练习中可以有针对地画一些常用配景。

2.3　某中心小学建筑设计方案规划图案例

本节以某中心小学的两套规划设计方案图的制作为例，详解浩辰云建筑插件在总图绘制中的功能使用及操作步骤。

2.3.1　设计说明

本项目是旧宫镇中心小学的改扩建工程。该项目在地图中的实际位置如图 2-33 所示（由于是导航地图，分辨率不高）。位于旧宫镇政府后侧，东邻育龙家园住宅小区，占用废弃地 46.2 亩。旧宫镇中心小学是一所设备齐全、办学条件标准较高的学校。小学内设教学办公楼、教学楼、教学综合楼、多功能大厅及 400m 环形跑道和配套设施。总建筑面积为 12 185.78m^2。

该项目采用砖混及钢架建筑结构设计，抗震八度。

图 2-33　旧宫镇中心小学项目位置

关于此改扩建项目目前有如下设计构思供参考。

鉴于新建小学标准较高，用地较紧张，还要保证400m环形跑道。在这样的情况下，设计须力求平面布局功能明确，动、静分开。故此方案将教学楼及教学综合楼分别设在校门的左侧和东北处，教学办公楼设在校门入口的右侧，这样既方便了办公楼的对外联系，又避免了外界对教学楼的影响，同时教学楼与教学综合楼较近，联系方便，又无相互干扰。均处于最佳朝向，通风很好。教学楼平面采用"树枝式"布置，在形成的亭院内种植树木花草，给人一种亲切向上的感觉。

多功能大厅集文体、娱乐、开会等功能于一体，所以将其设在办公楼的南面。既远离教学区，同时也给办公带来便利。多功能大厅内容纳座位按500人考虑。

从总体布局上满足了各部分的使用功能和物理环境及绿化的要求，较为合理地解决了动、静部分的分区，人流流动频率以及校内校外的联系问题。有关部分的靠近或分隔独立或兼用。图2-34所示为要绘制的规划方案总图。

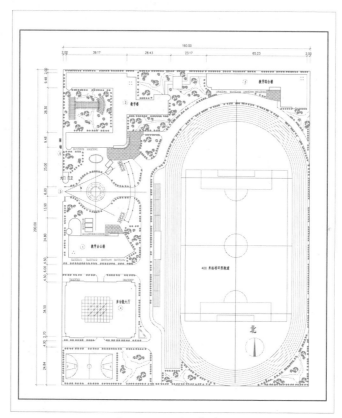

图 2-34　规划方案总图

2.3.2　绘制总平面图

建筑总平面图的绘制顺序是，绘制教学楼建筑、绘制体育场地及设施、绘制休憩区、绘制景观设施及植物造景。

1. 绘制教学楼建筑

① 启动浩辰云建筑程序。自动新建一个 AutoCAD 文件。

② 在【默认】选项卡【绘图】组中单击【矩形】按钮 ▭▾，然后绘制 200m×160m 的矩形，表示项目的规划建设总面积（建筑红线），如图 2-35 所示。

> 💡 **提示**
>
> 在窗口左侧的【工具箱】面板【建筑设计】工具列【尺寸标注】卷展栏中选择【快速标注】工具进行图形标注。如果标注的文字大小不符合实际图形的比例，可以在【工具箱】面板【设置帮助】工具列【设置】卷展栏中单击【图形设置】工具，然后在弹出的【图形设置】对话框中选择单位设置类型为"mm M"，表示绘图单位是 mm，标注时单位为 m，绘图比例就是 1:100，如图 2-36 所示。

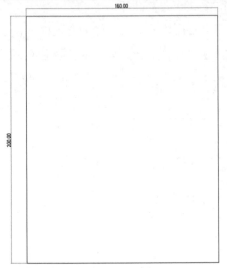

图 2-35 绘制矩形

图 2-36 设置图形单位

③ 利用 AutoCAD 图形绘制命令，在图形区任意位置依次绘制出教学综合楼、教学楼、教学办公楼、多功能大厅等建筑图形，如图 2-37 所示。

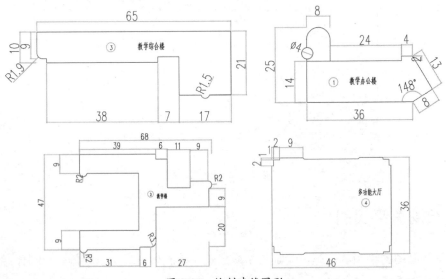

图 2-37 绘制建筑图形

④ 使用【移动】命令,将绘制的建筑图形移动到先前绘制的矩形内(建筑红线内),如图 2-38 所示。

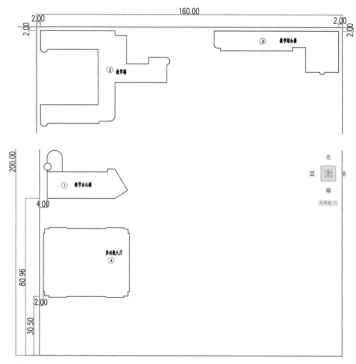

图 2-38 移动建筑图形到矩形内

⑤ 教学综合楼、教学楼与教学办公楼有楼梯需要补充绘制。教学综合楼的梯步绘制结果如图 2-39 所示。

⑥ 绘制教学楼的梯步,如图 2-40 所示。

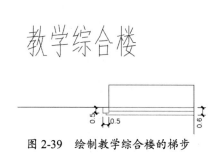

图 2-39 绘制教学综合楼的梯步   图 2-40 绘制教学楼的梯步

⑦ 绘制教学办公楼的梯步,如图 2-41 所示。

图 2-41 绘制教学办公楼的梯步

2. 绘制体育场地及设施

① 利用【直线】和【圆】命令,绘制如图 2-42 所示的体育场跑道外形。

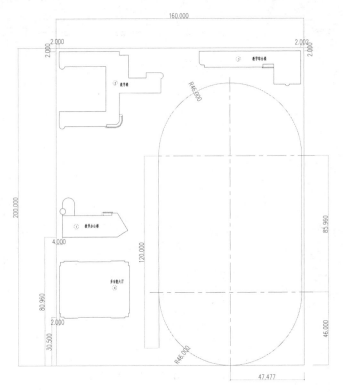

图 2-42　绘制体育场跑道外形

② 利用【偏移】命令 和【修剪】命令(单击【修剪】按钮 并按 Enter 键),向内偏移 8 次,偏移距离均为 1.25m,完成跑道线的绘制,结果如图 2-43 所示。

③ 修剪相交的跑道线,结果如图 2-44 所示。

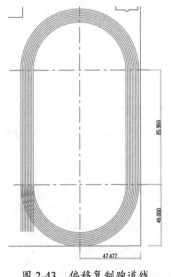
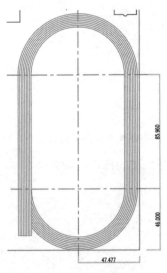

图 2-43　偏移复制跑道线　　　　　图 2-44　修剪相交的跑道线

④ 利用【直线】、【圆】及【镜像】命令，绘制跑道内的足球场地，如图 2-45 所示。接着绘制体育场的看台，如图 2-46 所示。

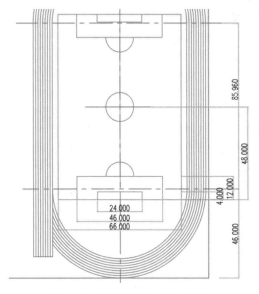

图 2-45　绘制跑道内的足球场地

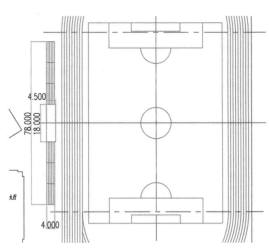

图 2-46　绘制体育场的看台

⑤ 在项目的左下角绘制篮球场，如图 2-48 所示。

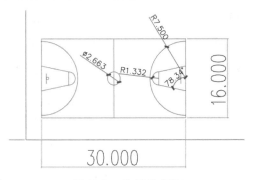

图 2-47　绘制篮球场

> **提示**
>
> 对于足球场及篮球场，也可以使用浩辰云建筑插件的【图库】工具箱中的【二维图库】，在【二维图库组】中找到【常用体育设施】库，即可找到篮球场与足球场的标准图形，双击图形后将其直接放置到总图中即可，然后调整图形的比例，如图 2-48 所示。当然，还可以调用图库中的其他图案放在总图中，这样绘制速度可以得到较大的提升。

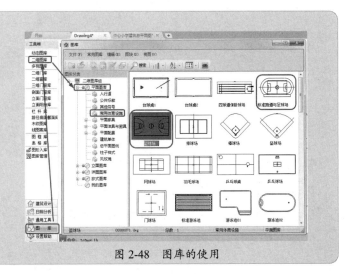

图 2-48　图库的使用

3. 绘制校园路

① 利用【直线】、【偏移】、【圆角】、【圆】及【修剪】命令，绘制如图 2-49 所示的校园路。
② 绘制大门及门卫室，用户可以自己掌握尺寸，如图 2-50 所示。

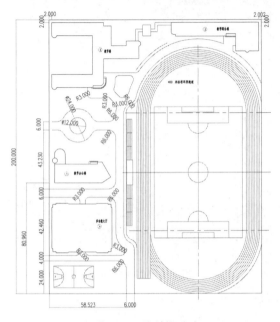

图 2-49　绘制校园路

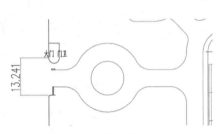

图 2-50　绘制大门及门卫室

③ 铺设地砖。使用【图案填充】工具选择"拼花地砖 01"图案，分别在教学综合楼、教学楼及教学办公楼大门前填充地砖图案，填充前要将填充区域封闭，如图 2-51 所示。

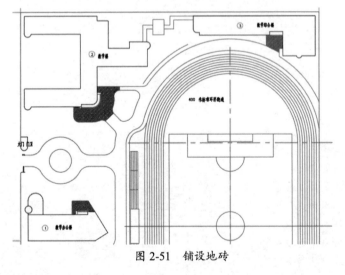

图 2-51　铺设地砖

4. 绘制景观小品

① 在多功能大厅中绘制玻璃屋顶，如图 2-52 所示。
② 在教学楼后花园绘制花架，如图 2-53 所示。

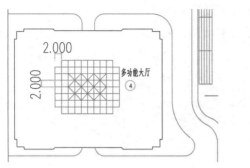
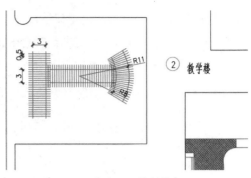

图 2-52 在多功能大厅中绘制玻璃屋顶　　　　图 2-53 绘制花架

③ 在学校大门的道路两侧，添加水池、花坛及车位等构件，如图 2-54 所示。

> **提示**
> 在浩辰【建筑设计】工具箱的【总图设计】卷展栏中选择【车位布置】命令进行车位构件的绘制。由于找不到合适的花坛图形，也可以选择【二维图库】|【平面图库】|【平面配景】|【路灯】命令，使用"路灯 20"图形进行替换。然后放大 5 倍即可。

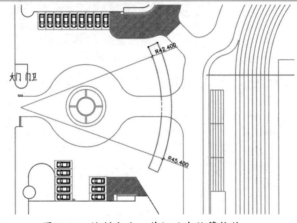

图 2-54 绘制水池、花坛及车位等构件

5. 校园绿化设计

① 绘制绿化带的园区路。在功能区【默认】选项卡下【绘图】面板中，选择【样条曲线拟合】工具 ，绘制园区路，如图 2-55 所示。

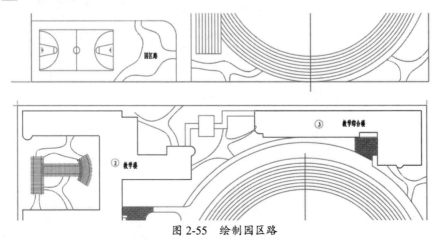

图 2-55 绘制园区路

② 布置植物。在浩辰工具箱的【建筑设计】|【总图设计】卷展栏中,单击【任意布树】按钮,弹出【任意布树】对话框。选择【从图库选取】选项,设置树半径值为1 000mm,树间隔距离为3 000mm,然后单击 按钮,在弹出的【图库】对话框中,展开【植物库】|【系统图库】|【乔木】二维图库,双击"植物172"植物图块,如图2-56所示。

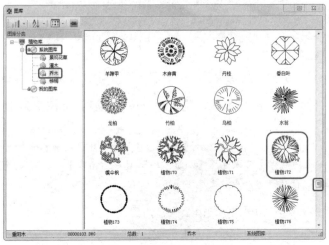

图2-56 选择植物图块

③ 在总图中绘制一条水平线,作为布置树的路径参考,如图2-57所示。

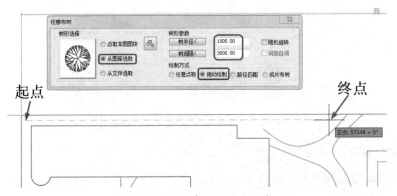

图2-57 绘制布置树的路径线

④ 绘制路径后系统会自动布置选取的树类型,如图2-58所示。

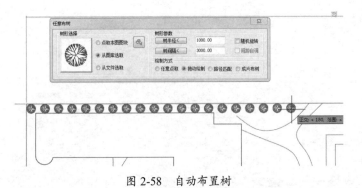

图2-58 自动布置树

⑤ 继续完成乔木的布置。同理，继续选择【乔木】类型的"幌伞枫"、【景观花草】的"植物039""植物 007"等植物，相应地布置在绿化带中（也可以自行配置植物类型），最终完成结果如图 2-59 所示。

> **提示**
> 在【任意布树】对话框中有 4 种绘制方式：任意点取、拖动绘制、路径匹配和成片布树。可以结合使用这几种方式把植物图块布置到总图中。

⑥ 至此，完成了本项目的中心小学建筑规划方案总图的设计。

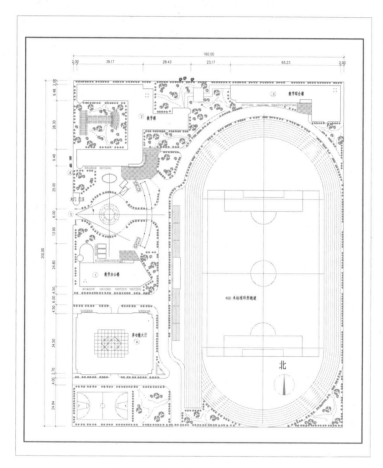

图 2-59 最终布置植物完成效果

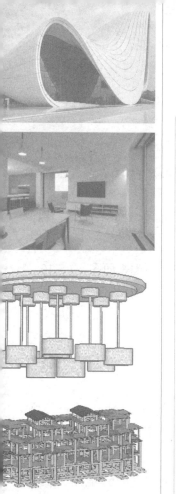

绘制其他建筑图纸

在本章中将继续使用浩辰云建筑插件功能来绘制建筑平面图、建筑立面图、建筑剖面图及大样图等图纸,将依照 GB 建筑标准进行绘制。

- ☑ 建筑项目介绍
- ☑ 绘制建筑平面图
- ☑ 绘制建筑立面图
- ☑ 绘制建筑剖面图及大样图

扫码看视频

3.1 建筑项目介绍

下面将以某中学的教学楼全套建筑施工图纸设计(不包括结构图纸)为例,详解 AutoCAD 功能和浩辰云建筑的图纸设计方法。

本建筑项目建筑占地面积为 $360m^2$,建筑层数为 3 层,建筑总高度为 $11.25m^2$,设计使用年限为 50 年。结构体系为钢筋混凝土框架结构设计。

要绘制的建筑施工图包括一层平面图、二层平面图、三层平面图、屋面平面图、1~10 立面图、10~1 立面图、A~C 立面图、C~A 立面图、1-1 剖面图及女儿墙大样详图等。

3.2 绘制建筑平面图

对钢筋混凝土结构的建筑来讲,建筑平面图就是在建筑结构图设计完成基础之上进行绘制建筑外墙及内装修的设计与施工图纸。本教学楼的建筑平面图包括一层平面图、二层平面图、三层平面图和屋面平面图,

其中,一层平面图、二层平面图及三层平面图大致相同,不同的是室内功能分区。

3.2.1 绘制建筑一层平面图

建筑平面图中包括轴网、墙体、门窗、室内摆设及尺寸注释等内容。要绘制的建筑一层平面图如图 3-1 所示。

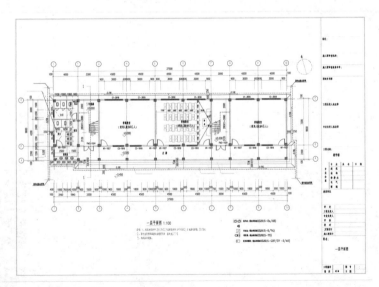

图 3-1 建筑一层平面图

1. 绘制轴网

① 在浩辰工具箱的【建筑设计】|【轴网】卷展栏中单击 绘制轴网 按钮，在弹出的【绘制轴网】对话框中设置数字编号的轴线参数，如图 3-2 所示。

② 设置字母编号的轴线参数，如图 3-3 所示。

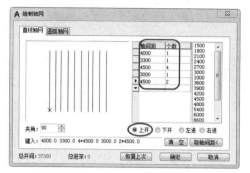
图 3-2 设置数字编号的轴线参数

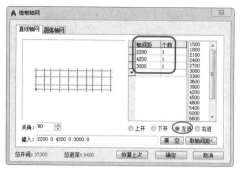
图 3-3 设置字母编号的轴线参数

③ 单击对话框中的【确定】按钮，将定义的轴网放置在图形区中，如图 3-4 所示。

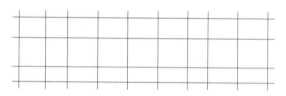
图 3-4 放置的轴网

④ 在【轴网】卷展栏中单击 轴网标注 按钮，为轴网标注，如图 3-5 所示。

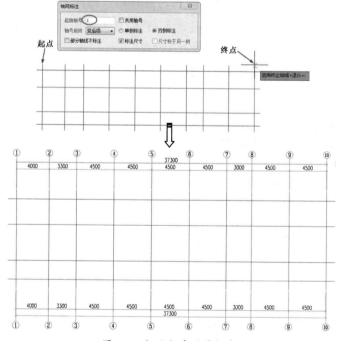
图 3-5 标注数字编号轴线

⑤ 同理，标注字母编号轴线，如图 3-6 所示。

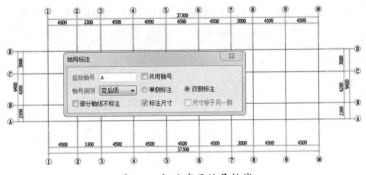

图 3-6 标注字母编号轴线

⑥ 由于字母编号轴线多了一个编号Ⓒ，也就是需要删除Ⓒ编号，单击 删除轴号 按钮，选择Ⓒ编号进行删除，结果如图 3-7 所示。

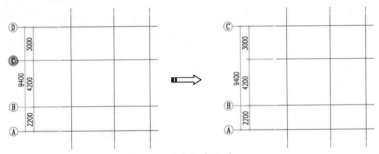

图 3-7 删除轴线编号

2. 绘制墙体

① 在绘制墙体之前，需要进行图形显示设置，否则绘制的墙体既是二维也是三维，本例是绘制建筑平面图，所以无须显示三维。在【设置帮助】|【图形设置】卷展栏中单击 图形设置 按钮，弹出【图形设置】对话框。设置【显示模式】为 2D，如图 3-8 所示。

② 在【墙体】卷展栏中单击 绘制墙体 按钮，弹出【绘制墙体】对话框。设置墙体参数，如图 3-9 所示。

> 提示
> 由于一层平面之下还有场地标高，要比一层的标高（为 0）要低 450mm，所以【底高】要设置为 -450mm，墙高则为 450mm+3 600mm。

图 3-8 图形显示设置

图 3-9 设置墙体参数

③ 在轴网中绘制 200mm 宽度的墙体，如图 3-10 所示。

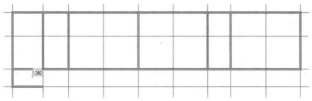

图 3-10　绘制 200mm 宽度的墙体

④ 绘制 120mm 宽度的墙体，如图 3-11 所示。

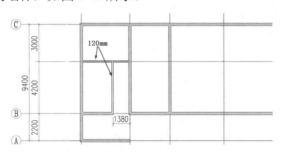

图 3-11　绘制 120mm 宽度的墙体

⑤ 在【柱梁板】卷展栏中单击 标准柱 按钮，弹出【标准柱】对话框。设置柱参数直接在墙体中插入柱子，如图 3-12 所示。

> 💡 提示
>
> 由于柱子插入时是以中心点作为基点插入轴网中的，实际上柱子中心点并没有在轴线交点上，需要在【标准柱】对话框中的【偏心转角】选项组下设置横轴、纵轴的值。当然也可以默认插入轴网中，然后利用【移动】命令移动柱子图块。

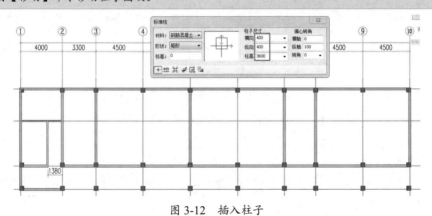

图 3-12　插入柱子

3. 插入门窗

① 设置门窗标号文字。在【建筑设计】|【文字表格】卷展栏中单击 文字样式 按钮，弹出【文字样式】对话框。然后选择 "A-WIN-LABEL" 类型进行设置，如图 3-13 所示。

② 在【门窗】卷展栏中单击 门 窗 按钮，弹出【门】对话框（单击"门"按钮则对话框标题就会显示"门"，若单击"窗"按钮则对话框标题显示"窗"）。在对话框底部单击【插窗】按钮 ⊞，对话框显示窗参数。设置好窗参数，然后插入编号为 C1-3018 的大窗，如图 3-14 所示。

图 3-13 设置文字样式

图 3-14 设置窗参数

③ 在图形区中插入 C1 窗图块，如图 3-15 所示。

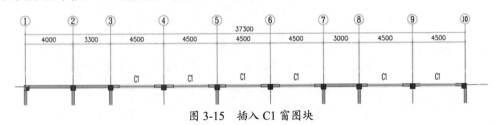
图 3-15 插入 C1 窗图块

④ 同理，依次插入 C2（窗宽 1 800mm）窗和 C4（窗宽 1 200mm）窗，结果如图 3-16 所示。

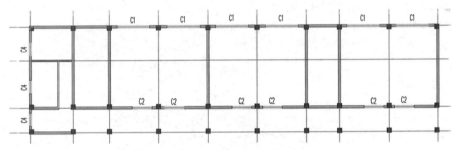
图 3-16 插入其他窗

⑤ 门有 3 种：M1 单开夹板门、M2 单开夹板门带百叶和 FM3 乙级防火门。在【门】对话框中设置【编号】为 M1，【类型】选择为"普通门"，【门宽】设置为"950"，然后双击预览窗口中的门图块，如图 3-17 所示。

> 提示
> 在二维平面图中，M1 门图块与 M2 门图块是没有区别的，所以可以选择同一门类型以插入平面图中。

图 3-17 设置门参数

⑥ 在随后弹出的【图库】窗口中选择并双击【系统图库】|【平开门】库中的"单扇平开门（全开表示）"图块，如图 3-18 所示。

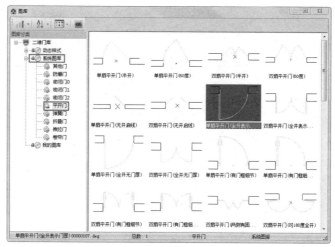

图 3-18 选择门图块

⑦ 将门图块插入一层平面图中。同理,以相同的门类型但编号设置为 M2,将其插入一层平面图中,如图 3-19 所示。

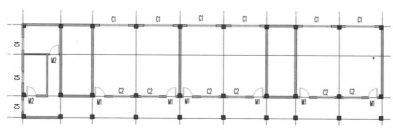

图 3-19 插入 M1 和 M2 门图块

⑧ 对于 FM3 乙级防火门,可以到图块中选择【系统图库】|【平开门】库中的"双扇门(全开表示)"门图块插入一层平面图中,如图 3-20 所示。

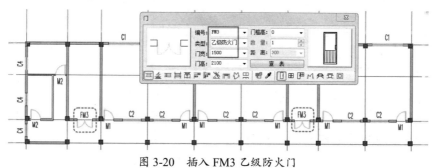

图 3-20 插入 FM3 乙级防火门

4. 卫生间设计

卫生间分为男卫生间和女卫生间,其用品配置是不同的,蹲便器、洗手盆及卫生间隔断无须手工绘制,可以载入相应的平面图块。

① 在【图库】工具箱中选择【二维图库】命令,在弹出的【图库】窗口中依次将蹲便器、小便器、洗手盆等图库,放置在图形区平面图外的任意位置。另外,复合板隔断需要单独绘制,如图 3-21 所示。

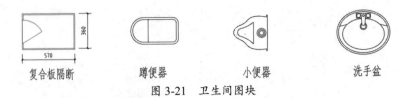

图 3-21 卫生间图块

② 在男、女卫生间中插入复合板隔断（需要放大）、蹲便器、小便器、洗手盆等图块，如图 3-22 所示。

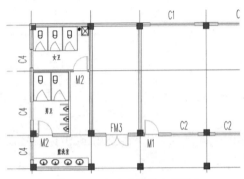

图 3-22 在卫生间插入图块

5. 绘制楼梯

一层楼梯有两部，分别为 1 号楼梯和 2 号楼梯。靠近卫生间的是 1 号楼梯。对于楼梯的绘制可采用浩辰云建筑的楼梯工具。

1 号楼梯设计为 24 步，每一步宽度为 1 500mm，深度为 280mm，楼层总高为 36 000mm。

① 清理内部的轴线，利用【修剪】命令修剪轴线，如图 3-23 所示。

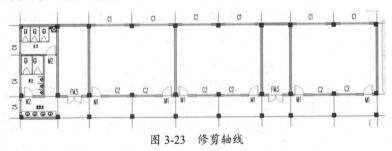

图 3-23 修剪轴线

② 在工具箱的【建筑设计】|【楼梯其他】卷展栏中单击 双跑楼梯 按钮，弹出【双跑楼梯】对话框。在对话框中设置 1 号楼梯参数，如图 3-24 所示。

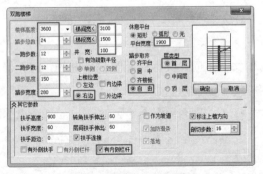

图 3-24 设置 1 号楼梯参数

③ 设置好参数后,在平面图中先选择平台一侧的墙体放置 1 号楼梯,然后在楼梯右侧单击以确定上楼方向,随后自动完成楼梯的绘制,如图 3-25 所示。

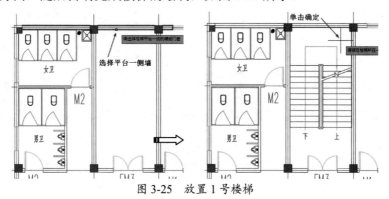

图 3-25　放置 1 号楼梯

④ 重新打开【双跑楼梯】对话框设置 2 号楼梯参数,除楼梯间宽度由 3 100mm 改为 2 800mm 外,其余参数与 1 号楼梯完全相同,如图 3-26 所示。

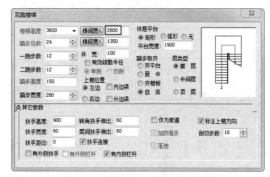

图 3-26　设置 2 号楼梯参数

⑤ 放置完成的 2 号楼梯(上楼方向与 1 号相反)如图 3-27 所示。

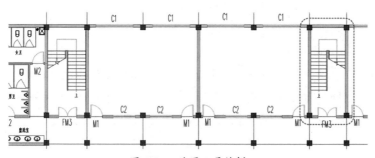

图 3-27　放置 2 号楼梯

⑥ 绘制走廊外台阶。在【楼梯其他】卷展栏中单击 台阶 按钮,弹出【台阶】对话框。设置台阶选项及参数,如图 3-28 所示。

图 3-28　设置台阶选项及参数

⑦ 在平面图中沿着外墙边（或柱子边）绘制台阶，如图 3-29 所示。

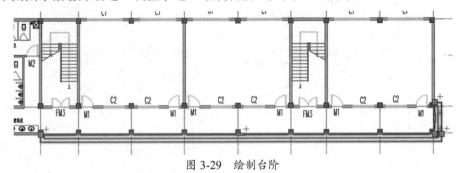

图 3-29 绘制台阶

⑧ 绘制散水。在【楼梯其他】卷展栏中单击 散　水 按钮，弹出【散水】对话框。设置散水参数及选项，如图 3-30 所示。

图 3-30 设置散水参数及选项

⑨ 在平面图中沿着外墙边与台阶边绘制一周，绘制方向是逆时针，结果如图 3-31 所示。

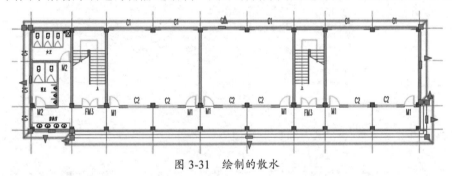

图 3-31 绘制的散水

6. 文字注释

① 在工具箱的【建筑设计】|【符号标注】卷展栏中单击 标高标注 按钮，弹出【标高标注】对话框。设置选项后将标高放置在一层平面图的各个室内，如图 3-32 所示。

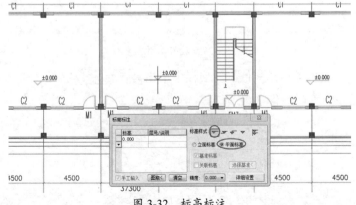

图 3-32 标高标注

② 在工具箱的【建筑设计】|【文字表格】卷展栏中单击 字 单行文字 按钮，在弹出的【单行文字】对话框中的【文字】文本框内输入"1 号楼梯"，其他选项保持默认，然后将文字放置于平面图中的楼梯平台位置，如图 3-33 所示。

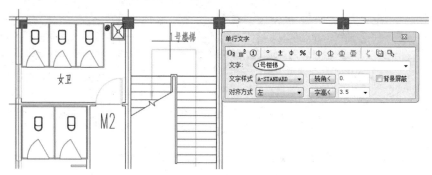

图 3-33 放置文字

③ 同理，完成其他房间的文字命名。多行文字使用 多行文字 命令。

④ 在【符号标注】卷展栏中单击 图名标注 按钮，弹出【图名标注】对话框。在对话框中输入图名"一层平面图"，其他选项保持默认，将图名放置于平面图下方，如图 3-34 所示。

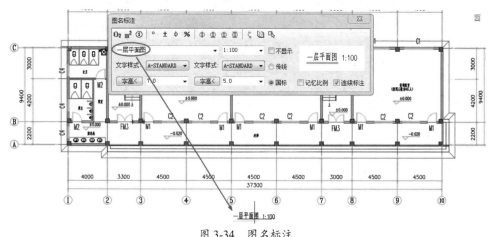

图 3-34 图名标注

⑤ 利用【文字表格】卷展栏中的 多行文字 命令，书写图纸说明文本，如图 3-35 所示。

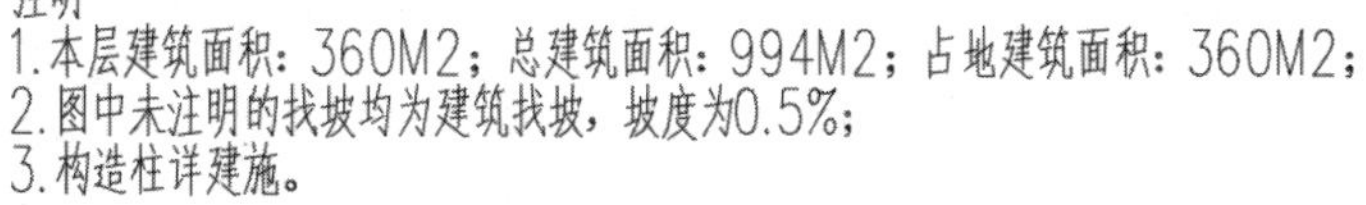

注明
1.本层建筑面积：360M2；总建筑面积：994M2；占地建筑面积：360M2；
2.图中未注明的找坡均为建筑找坡，坡度为0.5%；
3.构造柱详建施。

图 3-35 说明文字

⑥ 在【文件布图】卷展栏中单击 插入图框 按钮，弹出【插入图框】对话框。勾选【直接插图框】复选框，再单击 按钮，在弹出的【图库】对话框中选择并双击【系统图库】|【竖栏图框】库中的"A2-594X420 2"图框，如图 3-36 所示。

图 3-36　选择图纸、图框

⑦ 单击【插入图框】对话框中的【确定】按钮，将图框插入平面图中，如图 3-37 所示。

⑧ 为了在后续的立面图设计时能完整显示模型，可以在【柱梁板】卷展栏中单击 绘制楼板 按钮，绘制包含所有房间和走廊的楼板。

⑨ 至此，完成了本项目的一层建筑平面图设计。将图纸保存为"一层平面图"。

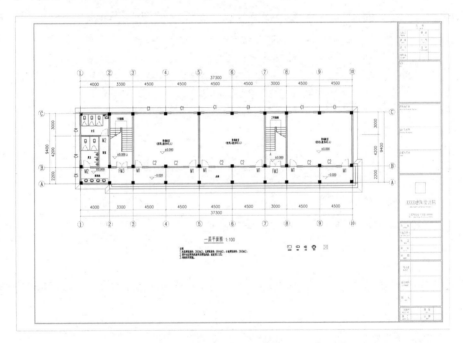

图 3-37　插入图框

3.2.2　绘制二层、三层及屋面平面图

建筑二层、三层的平面图设计与一层平面图的设计方法相同。为了节约绘图时间，二层、三层及屋面平面图的绘制以一层平面图作为参考进行部分修改即可。

1．绘制二层平面图

① 打开"一层平面图.dwg"图纸。在平面图中将原有的散水及台阶删除，如图 3-38 所示。

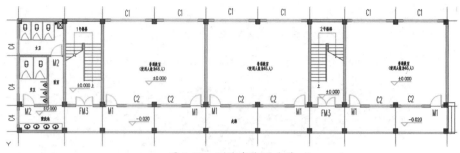

图 3-38 删除散水及台阶

② 双击 1 号楼梯图块,在弹出的【双跑楼梯】对话框中设置【层类型】为【中间层】,单击【确定】按钮完成 1 号楼梯的修改,如图 3-39 所示。同理,完成 2 号楼梯的修改。

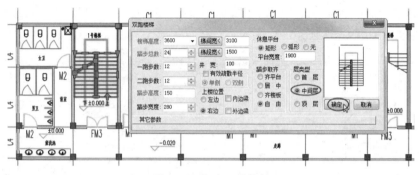

图 3-39 修改 1 号楼梯

③ 双击室内标高标注,修改 0 标高为 3.600m,双击走廊的标高标注,修改为 3.580m,如图 3-40 所示。

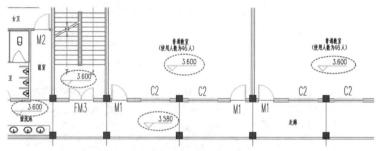

图 3-40 修改标高标注

④ 二层平面中需要创建楼板,以便于绘制剖面图时内部结构完整。在工具箱的【建筑设计】|【柱梁板】卷展栏中单击 绘制楼板 按钮,设置【楼板厚度】为 120mm,【标高】为 3 600mm,然后在平面图中绘制室内楼板,如图 3-41 所示。

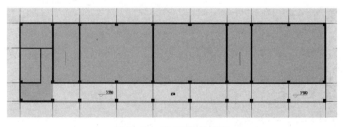

图 3-41 绘制室内楼板

> **提示**
> 需要将二维线框模式切换到着色模式才能看见楼板。

⑤ 绘制走廊楼板,设置走廊楼板的标高为 3 580mm,如图 3-42 所示。

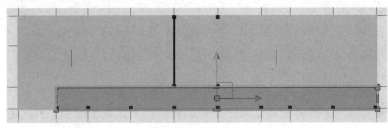

图 3-42 绘制走廊楼板

⑥ 楼板绘制后需要在楼梯间开洞,留出楼梯洞口。首先利用【矩形】命令 在楼梯间绘制洞口轮廓线,如图 3-43 所示。

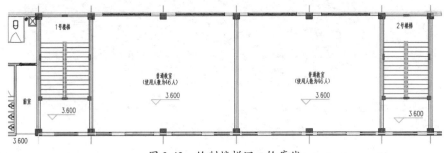

图 3-43 绘制楼梯洞口轮廓线

⑦ 在【柱梁板】卷展栏中单击 按钮,将会在二维线框模式中显示楼板(便于选取楼板)。再单击 按钮,在图形区中选择室内楼板作为要开洞的楼板对象,按 Enter 键后再选择步骤⑥绘制的洞口轮廓线来修剪楼板,得到楼梯间洞口(需要切换到着色模式查看),如图 3-44 所示。

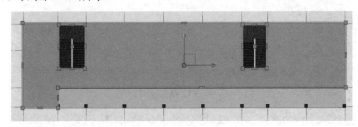

图 3-44 创建楼板洞口

⑧ 在【门窗】卷展栏中单击 按钮,然后为两个楼梯间插入编号为 C3 的宽 1 800mm 的平开窗,如图 3-45 所示。

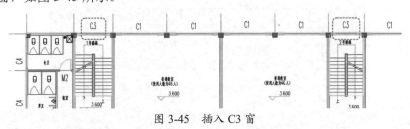

图 3-45 插入 C3 窗

⑨ 添加雨遮。选中室内楼板显示编辑节点,分别在楼板的 4 个方向拖动中间的节点向外拖出 100mm 的距离,使其形成雨遮,如图 3-46 所示。对于走廊部分的雨遮可使用 绘制楼板 命令重新绘制。其标高与室内标高一致。

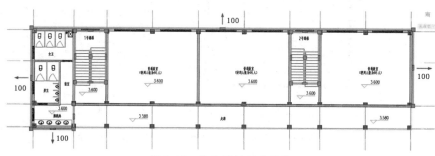

图 3-46　修改楼板创建雨遮

⑩ 将二层平面中所有墙体(双击某一段墙体)的标高进行逐一修改,墙高设置为 3 600mm,底高设置为 0。

⑪ 修改图纸名和图纸说明文字,就完成了二层平面图的绘制,结果如图 3-47 所示。将二层平面图另存为"二层平面图"。

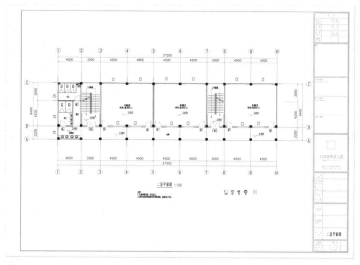

图 3-47　修改图纸名和图纸说明文字

2. 绘制三层平面图

三层平面图与二层平面图差不多,只是做局部修改。

① 打开"二层平面图.dwg"图纸,首先修改楼层标高标注,如图 3-48 所示。

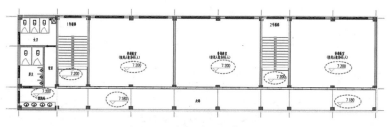

图 3-48　修改楼层标高标注

② 删除楼梯并将洞口移到墙体外（移除楼梯间洞口），以及删除最右侧教室的墙体、楼板和门窗构件，使其变成一个大露台，如图 3-49 所示。

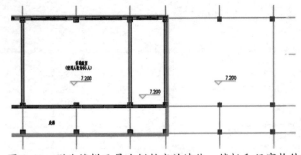

图 3-49　删除楼梯及最右侧教室的墙体、楼板和门窗构件

③ 修改图纸名及图纸说明文字，完成三层平面图的绘制，结果如图 3-50 所示。将图纸另存为"三层平面图"。

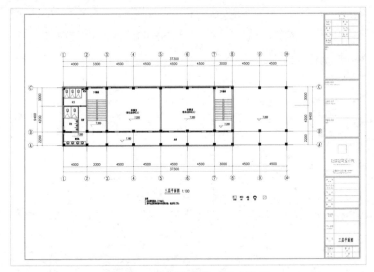

图 3-50　绘制完成的三层平面图

3. 绘制屋面平面图

屋面平面图与三层平面图类似，屋面平面图仅仅是一个屋顶，没有内部结构。

① 打开"三层平面图.dwg"图纸。删除所有建筑构件，如图 3-51 所示。

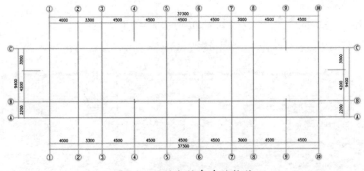

图 3-51　删除所有建筑构件

② 在【墙体】卷展栏中单击 绘制墙体 按钮，设置墙高为 600mm，墙宽为 200mm，绘制屋顶的女儿墙，如图 3-52 所示。

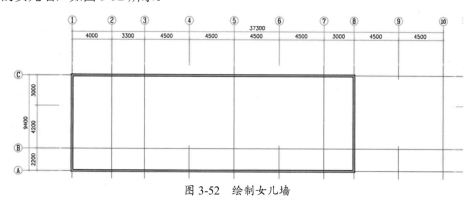

图 3-52 绘制女儿墙

③ 绘制女儿墙后，利用 绘制楼板 命令，在女儿墙上绘制雨遮板，板厚为 100mm，标高为 700mm，先绘制超出墙体 100mm 的完整楼板，然后利用 楼板开洞 命令将墙体内部修剪掉，就得到女儿墙的雨遮，如图 3-53 所示。

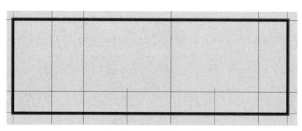

图 3-53 绘制雨遮

④ 在【柱梁板】卷展栏中单击 角　柱 按钮，设置角柱参数后在女儿墙墙体的四大角放置 4 条角柱，如图 3-54 所示。

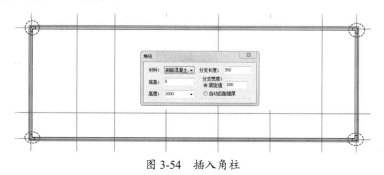

图 3-54 插入角柱

⑤ 将 4 个角柱移动到 1 号楼梯间，如图 3-55 所示。

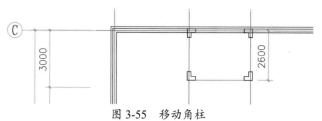

图 3-55 移动角柱

⑥ 添加 4 条结构梁（200mm×400mm），如图 3-56 所示。
⑦ 利用 绘制墙体 命令绘制高度为 1 710mm 的墙体，如图 3-57 所示。

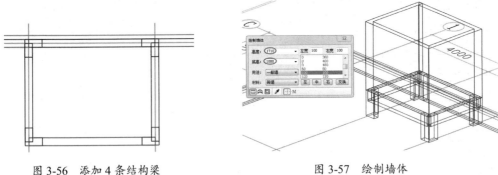

图 3-56 添加 4 条结构梁　　　　　　　图 3-57 绘制墙体

⑧ 在绘制的墙体上绘制楼板（标高为 2 710mm），以此形成一个封闭的空间，即屋顶的水箱。
⑨ 在屋面平面图中完成标高标注，如图 3-58 所示。

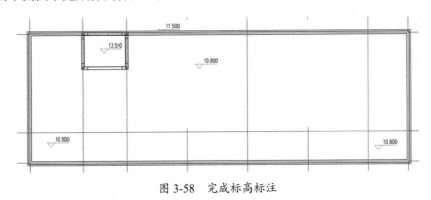

图 3-58 完成标高标注

⑩ 修改图纸名及图纸说明文字，得到屋面平面图。最后另存为"屋面平面图"。

3.3　绘制建筑立面图

前面利用了浩辰云建筑插件来绘制各层平面图，实际上在俯视图方向看只是一个平面图，但如果设置为轴测视图及着色显示模式，就会发现平面图中自动完成了三维建模，这就是浩辰云建筑插件的特殊功能。

所以，对于立面图及后面的剖面图，只需要把各层的三维模型重叠，切换到前视图方向，就变成了立面图。下面介绍详细操作过程。

3.3.1　创建三维组合模型

① 重新创建一个新的图纸文件。
② 在【工程管理器】面板中，单击【工程管理】右侧的下拉按钮，打开【工程管理】下拉列

表，如图 3-59 所示。

③ 选择【新建工程】选项，弹出【新建工程】对话框。输入工程名称及工程文件的保存路径后，单击【确定】按钮，即可创建新的工程项目，如图 3-60 所示。

图 3-59　工程管理菜单

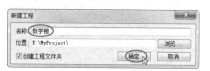

图 3-60　新建工程

④ 在【楼层表】卷展栏中输入楼层层号、层高及添加相关的楼层平面图纸，如图 3-61 所示。

⑤ 在【楼层表】卷展栏中单击【三维建筑组合模型】按钮 ⊞，在命令行中选择【插入为块】选项，然后在弹出的【另存为】对话框中输入"建筑三维模型"，单击【保存】按钮，如图 3-62 所示。

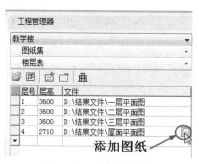

图 3-61　创建楼层表

图 3-62　保存模型文件

⑥ 随后系统自动将各层图纸中的模型进行组合，并最终得到如图 3-63 所示的组合模型。

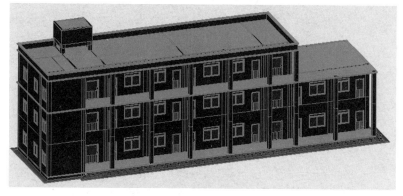

图 3-63　三维建筑组合模型

⑦ 可以看到组合的模型中缺少二层的楼板，需要将三层模型复制（复制到外面便于操作），然后选中复制的三层模型，单击【修改】面板中的【分解】按钮 将模型分解，仅保留楼板，其余删除。再使用【修改】面板中的【移动】命令将楼板移动到二层中，结果如图 3-64 所示。

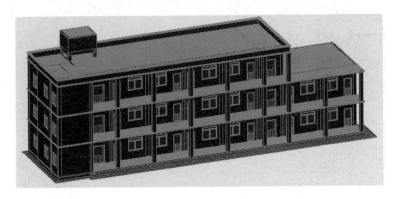

图 3-64 复制三层楼板到二层

3.3.2 绘制立面图

1. 绘制 1~10 立面图

① 在工具箱的【建筑设计】|【立面】卷展栏中单击 建筑立面 按钮,在命令行中选择【正立面】选项,如图 3-65 所示。

图 3-65 选择立面图类型

② 按下 Enter 键,弹出【建筑立面】对话框。设置选项后单击【生成立面】按钮,如图 3-66 所示,系统会提示将立面图图纸保存,保存后打开立面图图纸。

图 3-66 设置立面图选项

③ 生成的 1~10 立面图如图 3-67 所示。

图 3-67 生成 1~10 立面图

④ 在【文件布图】卷展栏中单击 插入图框 按钮，插入与平面图相同的图框，如图 3-68 所示。重命名立面图图名，然后将立面图再次保存。

图 3-68　插入图框

2. 绘制其他立面图

① 返回到"建筑三维模型"图纸中，按照前面介绍的立面图操作步骤，依次绘制出背立面图（10~1 立面图）、左立面图（C~A 立面图）和右立面图（A~C 立面图）等立面图图纸。

② 10~1 立面图绘制完成后无须插入图框，可以将其复制、粘贴到 1~10 立面图图框中，如图 3-69 所示。然后将图纸另存为新的文件，并重命名为"前后立面图"。

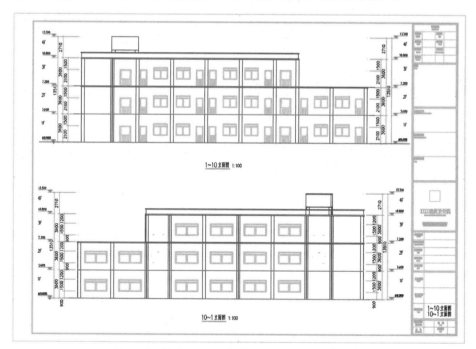

图 3-69　将 10~1 立面图插入 1~10 立面图图框中

③ 同理，将绘制的 C~A 立面图和 A~C 立面图合并到一个图框中，如图 3-70 所示。将图纸另存为"左右立面图"。

④ 可以看到，两个立面图合并后还有空余，可以将剖面图及大样详图等合并在其中，后面继续操作。

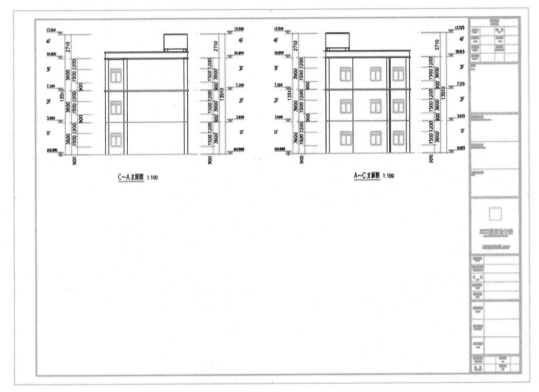

图 3-70　绘制完成的左右立面图

3.4　绘制建筑剖面图及大样图

创建剖面图用于表达建筑物内部的结构情况，特别是清晰地表达出楼梯间的剖面结构情况。

1. 绘制剖面图

剖面图是通过平面图来绘制的。

① 打开一层平面图，在【剖面】卷展栏中单击 剖切符号 按钮，然后放置剖切符号在楼梯间位置，如图 3-71 所示。

② 由于打开的是一层平面图，而且剖面图是根据工程文件来生成的，所以要在【工程管理器】面板中的【楼层表】中重新载入一层的图纸。

03 绘制其他建筑图纸

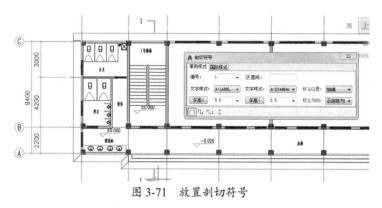

图 3-71 放置剖切符号

③ 在【剖面】卷展栏中单击 建筑剖面 按钮，选择前面步骤绘制的剖切线（剖切符号），不选择轴线，直接按 Enter 键后弹出【建筑剖面】对话框，单击【生成剖面】按钮将生成剖面图，如图 3-72 所示。

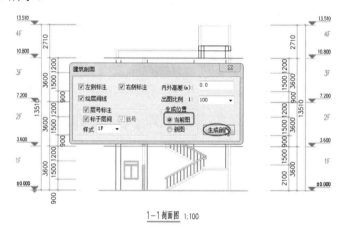

图 3-72 生成剖面图

④ 把剖面图剪切到左右立面图中，如图 3-73 所示。

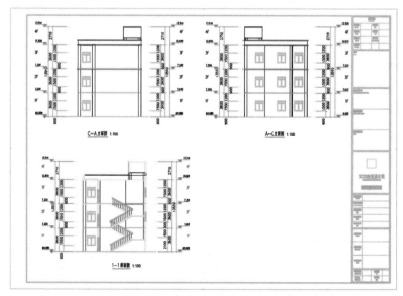

图 3-73 转移剖面图到左右立面图中

63

⑤ 图框中右下角还有空余，可以放置大样详图。

2. 绘制女儿墙大样详图

本项目建筑需要绘制的大样详图有走廊护栏详图、腰线详图及女儿墙详图等，但前面没有绘制走廊护栏和腰线，所以本节中仅以女儿墙详图为例进行介绍。

大样详图其实是局部的剖面图，也就是某个构件的剖面图，所以利用浩辰云建筑的【构件剖面】工具来完成。

① 打开"屋面平面图.dwg"文件。
② 在工具箱的【建筑设计】|【剖面】卷展栏中单击 剖切符号 按钮，然后在女儿墙位置绘制剖切线，如图 3-74 所示。

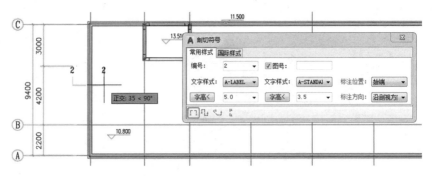

图 3-74　绘制剖切线

③ 在工具箱的【建筑设计】|【剖面】卷展栏中单击 构件剖面 按钮，选择步骤②绘制的剖切线后，再选择需要剖切的构件——女儿墙，随后自动绘制女儿墙剖面图。将女儿墙剖面图剪切到左右立面图中（可将图形放大 50 倍），并完成尺寸标注，如图 3-75 所示。

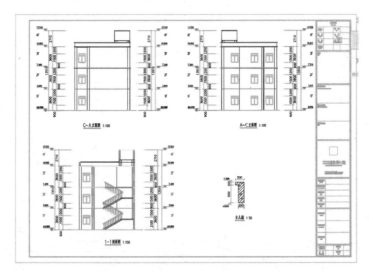

图 3-75　绘制完成的女儿墙大样图

④ 将图纸另存为"立面图、剖面图及大样图"，至此完成了建筑图纸的绘制。

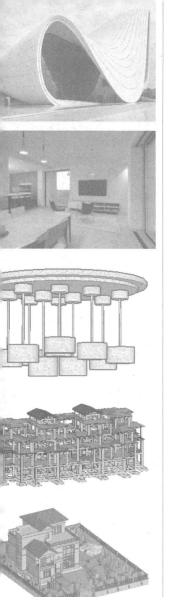

04

绘制建筑模型

在浩辰云建筑软件中,三维模型与二维平面图是相辅相成的。除了可以在平面图中直接生成三维模型,还可以导入其他 AutoCAD 图纸进行模型组合,得到三维建筑模型。

项目分解

- ☑ 某拆迁安置房建筑项目介绍
- ☑ 创建工程
- ☑ 建筑模型设计

扫码看视频

4.1 某拆迁安置房建筑项目介绍

本工程为拆迁安置店面房 E 区 5 号楼,建筑类型为底商住宅楼框架结构。地上 6 层,占地面积为 288m²,总建筑面积为 1 679.8m²。本工程尺寸除标高以 m 为单位外,其余均以 mm 为单位,室内外高度差 0.3m,卫生间标高比相应楼面低 0.05m。设计使用年限为 50 年,建筑结构的安全等级为二级、Ⅲ类建筑,抗震不设防,屋面防水等级三级,耐火等级二级,防雷类别为三类。

如图 4-1 所示为拆迁安置店面房实景效果图。

图 4-1 拆迁安置店面房实景效果图

如图 4-2 所示为拆迁安置店面房ⓒ-Ⓐ立面图。如图 4-3 所示为①-⑪立面图。

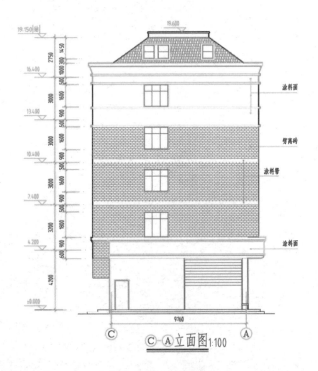

图 4-2 ⓒ-Ⓐ立面图

图 4-3 ①-⑪立面图

下面以安置房的一层建筑与结构设计为例,详解利用浩辰云建筑软件进行的三维建模全过程。

4.2 创建工程

① 启动浩辰云建筑 2018(同时启动 AutoCAD 2018)。
② 在【工程管理器】面板的【工程管理】下拉列表中,选择【新建工程】选项,弹出【新建工程】对话框。在对话框中输入工程名,单击【确定】按钮完成工程的创建,如图 4-4 所示。

图 4-4 创建新工程

③ 在【图纸集】中,列出了新工程的所有图纸列表。首先选中【平面图】类别,单击鼠标右键,执行【添加图纸】命令,从本例素材源文件夹中选择要打开的多个平面图,单击【打开】按钮,将平面图图纸添加到当前工程中,如图 4-5 所示。

图 4-5 打开多个平面图图纸

④ 同理,分别在【立面图】、【剖面图】和【详图】类别中添加各自的图纸。

4.3 建筑模型设计

本例建筑模型包括建筑结构和建筑。其中,建筑结构包括墙体、门窗构件、结构柱、结构梁及结构楼板,建筑包括楼梯、台阶及散水等。

4.3.1 创建墙体

① 打开【平面图】类别中的一层平面图,在软件中显示一层平面图图纸,如图4-6所示。

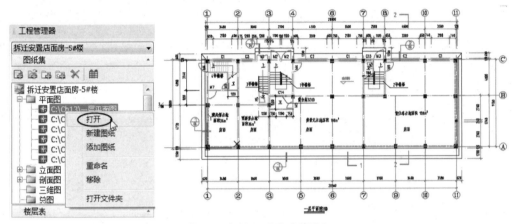

图4-6 打开一层平面图图纸

② 在屏幕左侧的【工具箱】中,打开【建筑设计】工具列的【墙体】卷展栏中,单击【绘制墙体】按钮——绘制墙体,弹出【绘制墙体】对话框。在对话框中设置墙体参数,然后参照一层平面图捕捉轴线,绘制宽200mm、高4 200mm的矩形外墙,如图4-7所示。

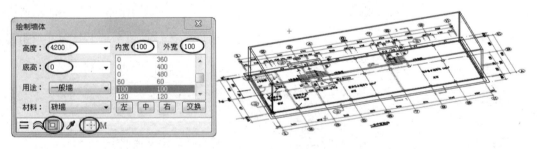

图4-7 绘制外墙

③ 在【绘制墙体】对话框中单击【绘制直墙】按钮,然后在外墙内部绘制宽200mm的内墙,如图4-8所示。

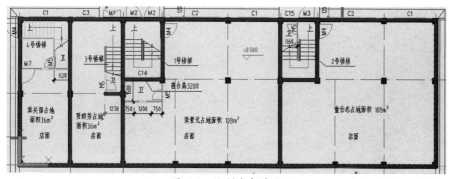

图 4-8 绘制内部墙体

④ 在【绘制墙体】对话框中设置砖墙宽度为左宽 60mm、右宽 60mm，然后继续绘制内部的卫生间墙体，如图 4-9 所示。

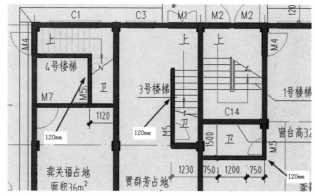

图 4-9 绘制卫生间墙体

⑤ 在【墙体】卷展栏下单击 墙柱保温 按钮，在弹出的【墙柱保温】对话框中选择【双侧保温】单选按钮，设置【保温层厚】为 20mm，然后选择所有 200mm 宽的墙体，为其添加墙体保温层（选取要加厚的墙体，按 Enter 键确认），如图 4-10 所示。

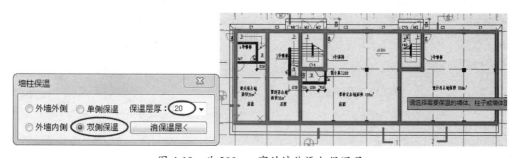

图 4-10 为 200mm 宽的墙体添加保温层

4.3.2 绘制门窗

打开本例源文件"建筑设计总图.dwg"，绘制门窗。门窗表如图 4-11 所示。

① 在一层建筑中有 M1~M5 及 M7 标记门，有 C1、C2、C3 与 C15 标记窗。首先创建 M1 标记门。在【门窗】卷展栏中单击【门窗】按钮 门　窗 ，弹出【门】对话框。

② 在【门】对话框中设置门编号及参数，然后单击【二维门样式】图例，并在随后弹出的【图库】窗口中双击选择【门口线居中双开门】样式，如图4-12所示。

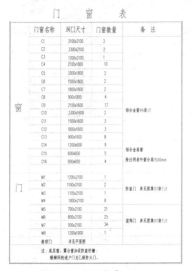

图 4-11 门窗表

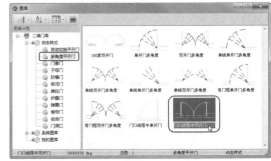

图 4-12 设置门参数并选择门样式

③ 回到【门】对话框。以第一种插入方式，将门放置到图纸中标记 M1 的位置，如图 4-13 所示。按 Shift 键+鼠标中键可以旋转视图，预览二维门放置的情况，如图 4-14 所示。

> **技巧点拨**
> 如果插入门和窗后看不见，或者连墙体都看不见，可以在俯视图中选择看不见的墙体（但能选中），再按 Esc 键退出，即可恢复门窗的显示。

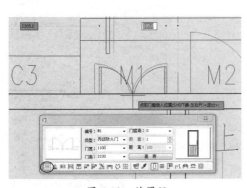

图 4-13 放置门

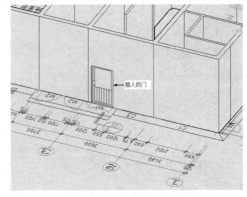

图 4-14 放置的二维门

④ 切换到俯视图。通过【门】对话框依次将其余门和窗插入到图纸中的相应位置。M1~M4 为防盗门，M5~M7 为装饰门。

4.3.3 创建结构柱、梁及楼板

本例工程项目主体属于砖混结构，但为了简化操作，并没有在地坪层及地下层设计结构。第一层空间主要是店面，砖墙墙体除了每户隔开处存在，其余都是空的，所以需要创建结构柱与结构梁，以支撑第二层的楼板及墙体。结构柱的尺寸为350mm×400mm。

创建结构柱与结构梁时，可以参照本例素材源文件夹中"结构设计总图.dwg"中的"4.150 层结构平面图"。

① 在【柱梁板】卷展栏中单击【标准柱】按钮 标准柱，弹出【标准柱】对话框。
② 在对话框中设置标准柱参数，然后依次将结构柱放置在轴线交点位置，如图 4-15 所示。

> **技巧点拨**
> 放置柱子后，如果没有与图纸中的柱子重合，则需要使用【移动】工具移动柱子。

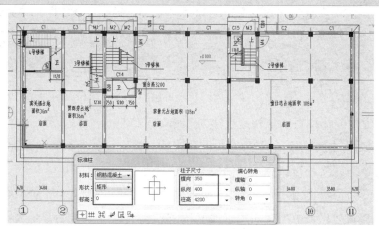

图 4-15　放置结构柱

③ 修改 200mm 墙体的高度。选中所有 200mm 墙体，然后在【特性】选项板中修改墙体的高度（4 200mm）为 3 800mm（这是给墙上 250mm×400mm 的梁留出标高位置），如图 4-16 所示。

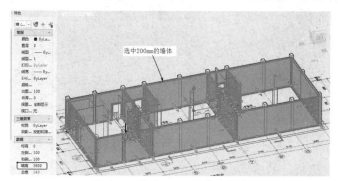

图 4-16　修改 200mm 墙体高度

④ 同理，再修改 120mm 卫生间墙体的高度（4 200mm）为 3 950mm（这是给墙上 250mm× 250mm 的梁留出标高位置），如图 4-17 所示。

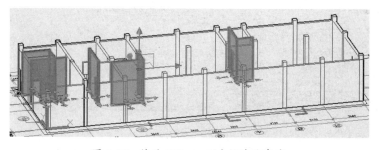

图 4-17　修改 120mm 卫生间墙体高度

⑤ 在【柱梁板】卷展栏中单击【绘制梁】按钮，弹出【绘制梁】对话框。在对话框中设置参数，如图 4-18 所示。

⑥ 在 200mm 墙体及房间中无墙体的轴线上绘制 250mm×400mm 的结构梁。绘制方法与绘制墙体相同，结果如图 4-19 所示。

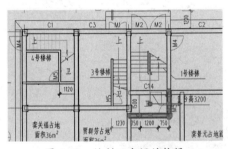

图 4-18 设置梁参数

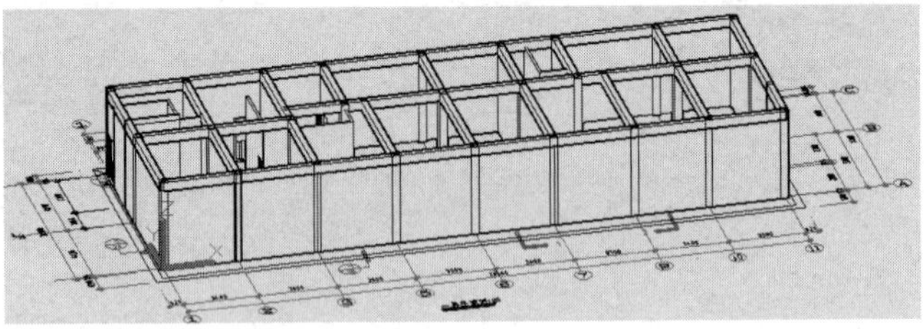

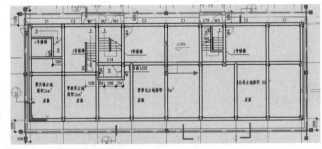

图 4-19 绘制 250mm×400mm 的结构梁

⑦ 同理，设置卫生间墙体上的结构梁尺寸为 250mm×250mm，然后绘制 1 号楼梯旁边的卫生间结构梁，如图 4-20 所示。其他卫生间是根据楼梯来设计的，其墙体顶部必须跟楼梯斜板相交。这个问题将在设计完成楼梯后再进行处理。

⑧ 根据"结构设计总图.dwg"中的"4.150 层结构平面图"，绘制 250mm×400mm 的挑梁。首先在【轴网】卷展栏中单击【添加轴线】按钮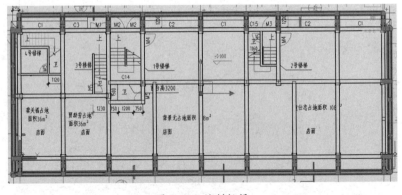，然后添加 4 条如图 4-21 所示的轴线。

图 4-20 绘制卫生间结构梁

图 4-21 添加 4 条轴线

⑨ 在【柱梁板】卷展栏中单击【绘制梁】按钮，设置梁参数为 250mm×400mm，并绘制出如图 4-22 所示的挑梁。

图 4-22 绘制挑梁

⑩ 在【柱梁板】卷展栏中单击【绘制楼板】按钮 ，弹出【绘制楼板】对话框。设置板厚为200mm，第一、二点标高为0，然后参考200mm外墙内侧边来绘制楼板边界，随后系统自动创建地坪层楼板，如图4-23所示。

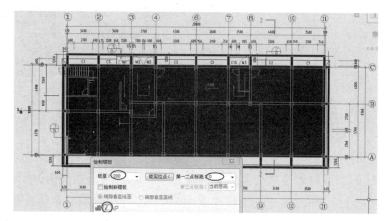

图 4-23　创建地坪层楼板

⑪ 同理，在【绘制楼板】对话框中设置楼板标高为 4 200mm，然后绘制出一层楼板，如图 4-24 所示。

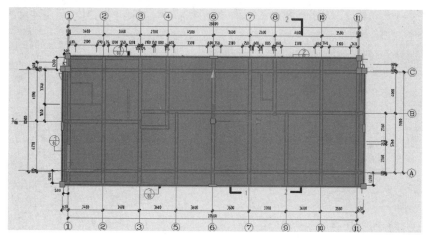

图 4-24　绘制一层楼板

4.3.4　楼梯设计

（1）设计 1 号楼梯。

① 为了便于显示并设计楼梯，暂时选中一层楼板，然后在软件窗口底部的状态栏中单击【隔离对象】按钮 ，在弹出的卷展栏中选择【隐藏对象】选项，将楼板隐藏。

② 首先设计 1 号楼梯。设计楼梯需打开"建筑设计总图.dwg"图纸中的"1 号，2 号，5 号楼梯详图，坡屋面斜窗大样"图纸（此图纸也是前面图纸集中的"A-A 剖面图"），参考楼梯剖面图。如图 4-25 所示为 1 号楼梯一层平面图及剖面图。

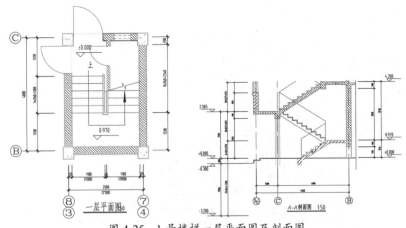

图 4-25　1 号楼梯一层平面图及剖面图

③ 在【建筑设计】工具箱的【楼梯其他】卷展栏中，单击【双跑楼梯】按钮 ，弹出【双跑楼梯】对话框。从上面的楼梯剖面图中可以看出，标高位置从 0.970m 到 4.200m 是标准双跑楼梯。0.970m 标高以下单独设计直线楼梯接楼梯平台，可以在【双跑楼梯】对话框中按如图 4-26 所示设置参数。

> **技巧点拨**
>
> 可以单击【梯间宽】按钮，然后在一层平面图中测量楼梯间宽度+两侧墙体的总宽度，如图 4-27 所示。为什么要加两侧墙呢？这是因为楼梯平台将延伸出外墙直至对齐挑梁边，平台上还要砌砖。稍后还要修改楼梯间的梁和墙体。

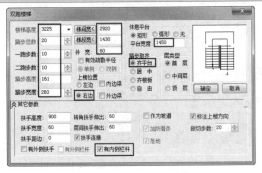

图 4-26　设置双跑楼梯参数

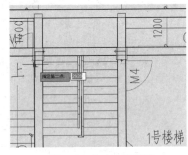

图 4-27　测量梯间宽

④ 完成参数设置后，在二维线框视图下，选取外墙中的 M2 门（浩辰云建筑软件创建的门模型，不是建筑平面图中的门图形），然后单击楼梯并放置在墙内，如图 4-28 所示。关闭【双跑楼梯】对话框完成楼梯的创建。

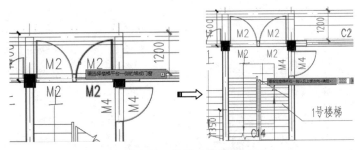

图 4-28　放置双跑楼梯

⑤ 选中放置的楼梯，将其竖直向上移动 1 450mm，如图 4-29 所示。接着在【特性】选项板中设置楼梯的底标高为 970mm，如图 4-30 所示。

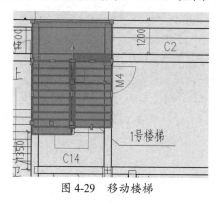

图 4-29　移动楼梯

图 4-30　设置楼梯的底标高

⑥ 选取"改一跑梯段位置"控制点，然后向下拖动一步踏步宽的距离 270mm（在命令行中输入"270"并按 Enter 键确认），如图 4-31 所示。

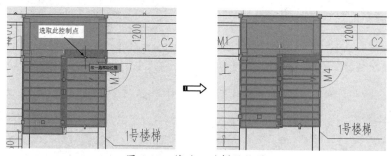

图 4-31　修改一跑梯段位置

⑦ 设计 1 号楼梯在标高 970mm 以下部分。由于浩辰云建筑软件没有单跑梯段+平台的创建工具，所以还要依靠【双跑楼梯】工具来创建，只不过要调整一下创建思路。打开【双跑楼梯】对话框，在对话框中设置楼梯参数，如图 4-32 所示。

> **技巧点拨**
> 从楼梯剖面图中可以看出，明明是 6 步楼梯，为什么要设计成 8 步呢？这是因为【双跑楼梯】工具必须设计成上下双跑，不能创建成单跑。所以在设置参数时必须保证"一跑总数"为 6 步，二跑步数最少是 2 步，不能设置为 0 步。

⑧ 在视图中选择靠近卫生间墙体中的窗模型，放置双跑楼梯，如图 4-33 所示。

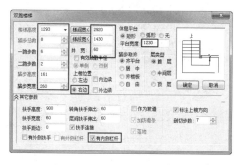

图 4-32　设置双跑楼梯参数

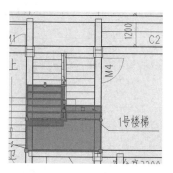

图 4-33　放置双跑楼梯

⑨ 确保两部楼梯的踏步完全重合，如果不重合，则使用移动命令将 970mm 标高下的楼梯进行移动操作。设计完成的 1 号楼梯如图 4-34 所示。

⑩ 修改 1 号楼梯间的梁。需要删除梁，否则留着会碰头，如图 4-35 所示。修改的方法是重新绘制楼梯间两侧的梁，仅楼梯间不绘制，如图 4-36 所示。

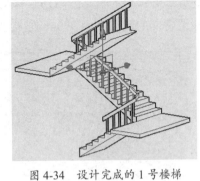

图 4-34　设计完成的 1 号楼梯

 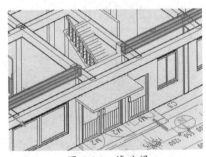

图 4-35　会碰头的结构梁　　　　　　　图 4-36　修改梁

⑪ 将楼梯平台上的墙体选中，在【特性】选项板中修改其高度为 2 585mm，如图 4-37 所示。

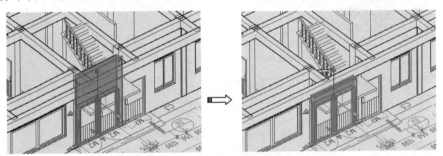

图 4-37　修改楼梯间墙体高度

⑫ 在【墙体】菜单中单击【绘制墙体】按钮 绘制墙体，然后在楼梯平台上绘制墙体，如图 4-38 所示。

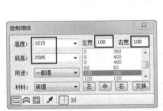 

图 4-38　绘制楼梯平台上的墙体

⑬ 在【柱梁板】卷展栏中单击【绘制梁】按钮 绘制梁，然后在楼梯间上一层楼的位置添加一条结构梁，如图 4-39 所示。转换到三维线框模式，调整梁边与最上一步踏步边对齐。

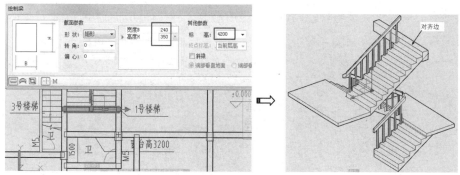

图 4-39　添加楼梯梁并调整位置

（2）设计 2 号楼梯。

① 2 号楼梯与 1 号楼梯的设计方法相同。可以直接复制 1 号楼梯到 2 号楼梯位置（包括梁、平台上的墙体），如图 4-40 所示。

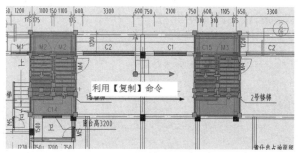

图 4-40　复制楼梯

② 在 2 号楼梯位置选中楼梯并单击鼠标右键，在弹出的快捷菜单中选择【对象编辑】命令，在弹出的【双跑楼梯】对话框中单击【楼间宽】按钮，如图 4-41 所示。

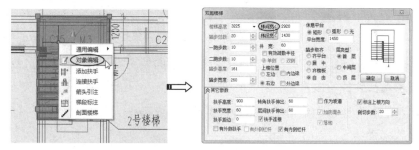

图 4-41　编辑楼梯

③ 在图纸中测量 2 号楼梯间宽度为 2 740mm，返回【双跑楼梯】对话框中单击【左边】选项，修改楼梯方向，再单击【确定】按钮，完成楼梯的编辑，如图 4-42 所示。

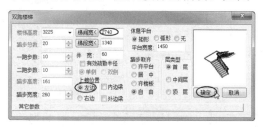

图 4-42　修改楼梯参数完成编辑

④ 修改参数后需要重新调整楼梯的位置。最后修改2号楼梯间的结构梁及平台上的墙体，完成2号楼梯的创建，如图4-43所示。

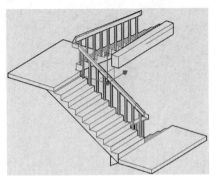

图4-43　完成2号楼梯的创建

（3）创建3号楼梯。

① 3号楼梯的平面图及剖面图如图4-44所示。

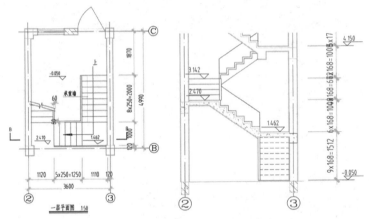

图4-44　3号楼梯的平面图及剖面图

② 要设计3号楼梯，还要做好楼梯的辅助线，因为下面使用【多跑楼梯】工具绘制多跑楼梯，必须依据参考线才能绘制准确，在图纸外绘制辅助线，如图4-45所示。

③ 在【楼梯其他】卷展栏中单击【多跑楼梯】按钮 ，然后在弹出的【多跑楼梯】对话框中设置楼梯参数，如图4-46所示。

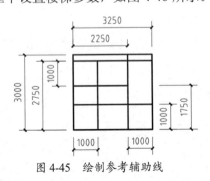
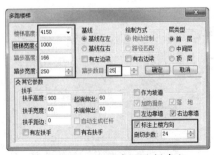

图4-45　绘制参考辅助线　　　　　图4-46　设置多跑楼梯参数

④ 在辅助线上捕捉一点作为起点，如图4-47所示。接着拖动光标至第二点并单击，如图4-48

所示。继续拖动光标至第三点并单击,完成第一梯段和第一平台的绘制,如图 4-49 所示。

图 4-47　捕捉第一点　　　　图 4-48　捕捉第二点　　　　图 4-49　捕捉第三点

⑤ 向左捕捉第四点,先单击再按 Enter 键,如图 4-50 所示。然后继续向左捕捉第五点并单击,完成第二梯段的绘制,如图 4-51 所示。再向左捕捉第六点并单击,完成第二平台的绘制,如图 4-52 所示。

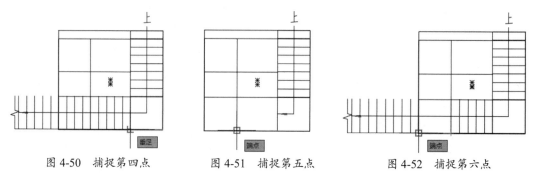

图 4-50　捕捉第四点　　　　图 4-51　捕捉第五点　　　　图 4-52　捕捉第六点

⑥ 同理,继续捕捉其余点,完成所有梯段及平台的绘制,结果如图 4-53 所示。最后关闭对话框完成操作。

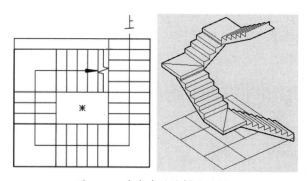

图 4-53　完成多跑楼梯的绘制

⑦ 将多跑楼梯移动到 3 号楼梯间,可发现第一梯段右侧边与墙体之间有缝隙。原本图纸中的第一梯段宽度为 1 200mm,但是利用【多跑楼梯】工具不能绘制出不同踏步宽度的楼梯,所以此处只能将第一梯段的边与墙边对齐,让缝隙留在楼梯中间,如图 4-54 所示,拖动蓝色的 3 个楼梯编辑夹点到墙边即可。

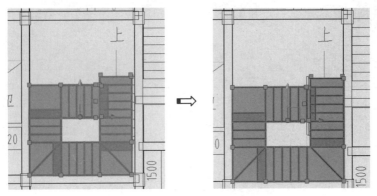

图 4-54　拖动楼梯编辑夹点到墙边

⑧ 同理，利用【绘制梁】工具在 3 号楼梯的第四跑上添加一条结构梁，如图 4-55 所示。梁的左侧边与下方的第二梯段起步线对齐。

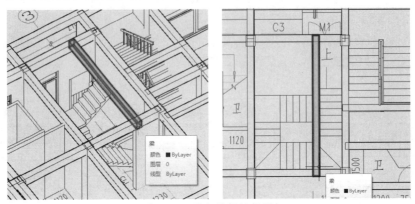

图 4-55　添加楼梯结构梁

（4）创建 4 号楼梯。

① 4 号楼梯是一部矩形转角楼梯。在【楼梯其他】卷展栏中单击【矩形转角】按钮，弹出【矩形转角楼梯】对话框。

② 在对话框中设置楼梯参数，然后将楼梯放置在图纸外的某个任意位置，如图 4-56 所示。

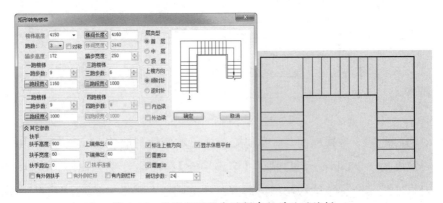

图 4-56　设置矩形转角楼梯参数并放置楼梯

③ 选中楼梯模型，将第一跑楼梯平台的边向上移动 440mm，与第二跑楼梯边对齐，如图 4-57 所示。

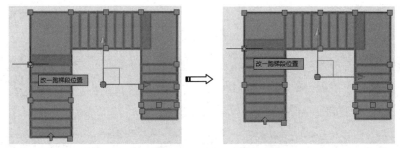

图 4-57　移动第一跑楼梯平台边

④ 同理，将第三跑楼梯平台的边也向上移动 440mm，与第二跑楼梯边对齐，如图 4-58 所示。

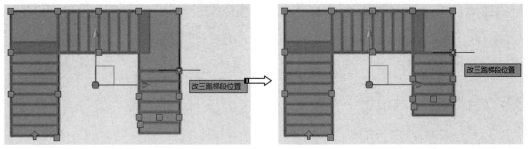

图 4-58　移动第三跑楼梯平台边

⑤ 执行【旋转】命令，将楼梯顺时针旋转 90°度，如图 4-59 所示。然后将楼梯移动到 4 号楼梯间位置，如图 4-60 所示。

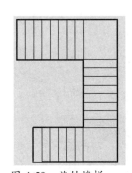

图 4-59　旋转楼梯

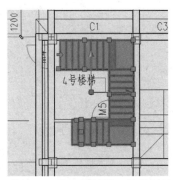

图 4-60　移动楼梯到 4 号楼梯间

⑥ 最后，为 4 号楼梯添加一条 250mm×350mm 的结构梁，如图 4-61 所示。

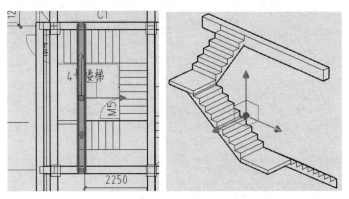

图 4-61　添加结构梁

⑦ 执行【矩形】命令，在命令行中选择【标高】选项，并设置矩形的标高为4 300mm。然后在每一个楼梯间绘制一个矩形，表示楼梯洞的范围，如图4-62所示。

⑧ 将隐藏的楼板显示出来（取消隔离）。在【柱梁板】卷展栏中单击 楼板开洞 按钮，先选取楼板作为要开洞的楼板，按Enter键进行确认。然后选取4个矩形作为洞口轮廓线，按Enter键完成楼板开洞，如图4-63所示。

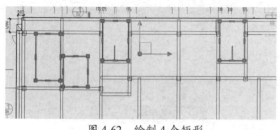
图4-62 绘制4个矩形

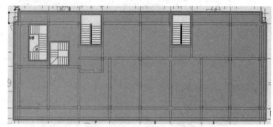
图4-63 楼板开洞

4.3.5 台阶与散水设计

1. 台阶设计

① 在【楼梯其他】卷展栏中单击【台阶】按钮 台 阶 ，弹出【台阶】对话框。

② 在对话框中设置台阶参数，如图4-64所示。

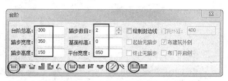
图4-64 设置台阶参数

③ 参照一层平面图，在卷帘门前从左到右绘制台阶，如图4-65所示。

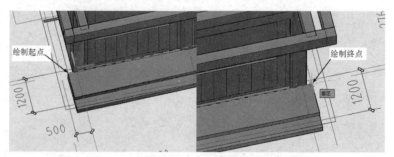
图4-65 绘制台阶

④ 返回【台阶】对话框修改平台宽度为150mm，其他参数保持不变，如图4-66所示。

图4-66 修改台阶参数

⑤ 在楼层两侧绘制台阶，如图 4-67 所示。

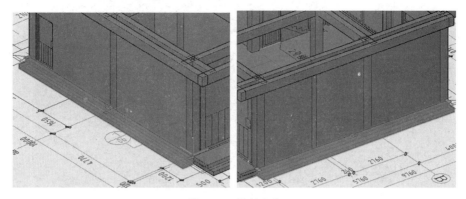

图 4-67　绘制台阶

⑥ 选中第一个台阶，将鼠标指针放置在中间夹点上，然后选择【加台阶】夹点命令，添加部分台阶，使其与旁边的台阶对齐，如图 4-68 所示。同理，在台阶另一侧也进行相应操作。

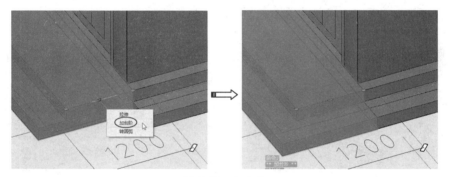

图 4-68　加台阶

⑦ 再利用【台阶】命令，在楼梯一侧外墙边绘制两个台阶，平台宽度为 850mm，如图 4-69 所示。

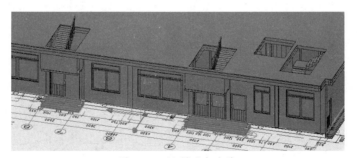

图 4-69　绘制两个台阶

2. 散水设计

① 在【楼梯其他】卷展栏中单击【散水】按钮 ，在弹出的【散水】对话框中设置散水宽度为 600mm，单击【任意绘制】按钮 ，然后参照一侧平面图绘制散水，如图 4-70 所示。

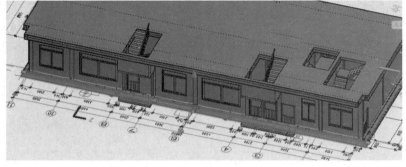

图 4-70　绘制散水

② 选中散水，在【特性】选项板中修改其【标高】为-300mm，修改其【内侧高度】为30mm，如图 4-71 所示。

③ 选中紧邻散水的墙体，修改其【标高】与【高度】，如图 4-72 所示。

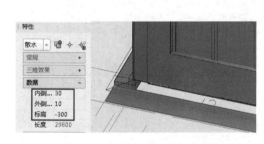
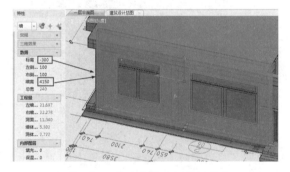

图 4-71　修改散水标高与参数　　　　　图 4-72　修改墙体的标高与高度

④ 至此，即完成了一层的建筑设计，其三维设计效果如图 4-73 所示。

图 4-73　一层建筑三维设计效果图

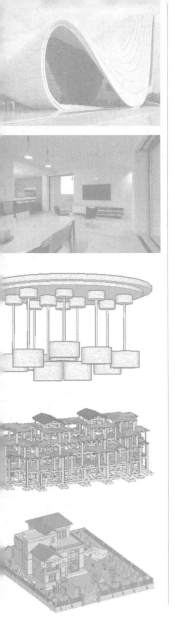

05

模型创建与编辑

这一章主要学习 SketchUp 软件在建筑 BIM 中的应用。SketchUp 软件特别适合建筑造型设计，可以与 BIM 的 AutoCAD 和 Revit 等软件完美结合。本章将介绍的模型创建与编辑功能，是建筑造型的基础。

项目分解

- ☑ 绘图
- ☑ 利用编辑工具建立基本模型
- ☑ 布尔运算
- ☑ 照片匹配建模
- ☑ 模型的柔化边线处理
- ☑ 组织模型
- ☑ 建模综合案例

扫码看视频

5.1 绘图

SketchUp 的绘图工具在大工具集中，或者在【绘图】工具栏中，包括线条工具、矩形工具、圆形工具、圆弧工具、手绘线工具、多边形工具等，如图 5-1 所示。

图 5-1　绘图工具

5.1.1 绘制线条

使用直线工具可以绘制直线和面。直线工具也可用来拆分面或复原删除的面。

1. 绘制直线

利用直线工具绘制一条简单的直线。

① 单击【直线】按钮 ，此时鼠标指针变成铅笔形状，在绘图区单击确定直线起点，拖动鼠标拉出直线，可以在任意位置单击确定直线的第二点，如图 5-2 所示。

② 如果想精确地绘制直线，可在数值文本框中输入数值，这时显示"长度"数值框，例如输入"300"，按 Enter 键结束操作，如图 5-3 所示。

③ 默认情况下，如果不结束绘制操作，则将会继续绘制连续不断的直线。

图 5-2　绘制直线　　　　　　　　图 5-3　输入精确值控制直线长度

2. 绘制封闭面

如果利用直线工具绘制封闭的曲线，则系统会自动填充封闭区域并创建一个面。

① 单击【直线】按钮 ，在绘图区单击确定直线起点。

② 按住鼠标左键不放，确定第二点和第三点，即可画出一个三角形的面，如图 5-4 所示。

③ 如果连续绘制的直线没有形成封闭，则不能形成封闭的面，如图 5-5 所示。

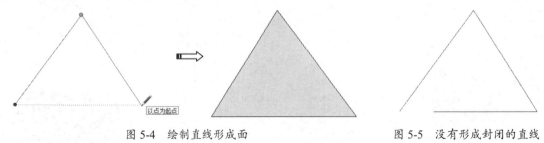

图 5-4　绘制直线形成面　　　　　　图 5-5　没有形成封闭的直线

3. 拆分直线

利用【拆分】命令可以将一条直线拆分成多段，下面举例说明。

① 单击【直线】按钮，画出一条直线。选中直线，单击鼠标右键，并在弹出的快捷菜单中选择【拆分】命令，如图 5-6 所示。

图 5-6　绘制直线执行【拆分】命令

② 此时直线上会显示分段点，如果鼠标指针在直线中间位置，则仅产生一个分段点，若移动鼠标指针则会产生多个分段点，如图 5-7 所示。

图 5-7　显示分段点

③ 还可以在绘图区底部的数值框中输入数值来精确控制分段。例如输入 5，则直线被拆分成 5 段，按 Enter 键可结束操作，如图 5-8 所示。

图 5-8　输入段数拆分直线

4. 拆分面

当绘制封闭的线条并自动填充面域后，可以将一个面拆分为多个面。

① 单击【直线】按钮，绘制一个封闭的矩形面，如图 5-9 所示。

② 单击【直线】按钮，在面上绘制一条直线，可将矩形面拆分成两个小矩形面，如图 5-10 所示。

图 5-9　绘制矩形面

图 5-10　拆分矩形面

③ 同理，继续绘制直线，可以将矩形面拆分成更多小矩形面，如图 5-11 所示。

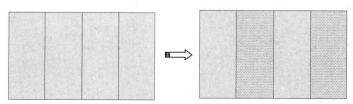

图 5-11　继续拆分矩形面

5.1.2 手绘线工具

利用手绘线工具可绘制曲线模型和 3D 折线模型等。曲线模型由多条连接在一起的线段构成。这些曲线可作为单一的线条，用于定义和分割平面，但它们也具备连接性，即选择其中一段就选择了整个模型。曲线模型可用来表示等高线地图或其他有机形状中的等高线。

利用手绘线工具可以绘制任意形状。

① 单击【手绘线】按钮 ，鼠标指针变为一支带曲线的笔的形状。在绘图区中单击，确定起点，按住鼠标左键不放，即可绘制不规则曲线，如图 5-12 所示。

② 当起点与终点重合时，即可绘制出一个封闭的面，如图 5-13 所示。

图 5-12　绘制不规则曲线　　　　图 5-13　绘制封闭曲线形成面域

5.1.3 矩形工具

矩形工具主要用于绘制矩形平面模型，还可以用于绘制正方形模型。矩形本身就是封闭的，所以绘制矩形其实就是绘制一个矩形面。

1. 绘制矩形

绘制一个矩形的操作步骤如下。

① 单击【矩形】按钮 ，鼠标指针变成一支带矩形的笔的形状。确定矩形的两个对角点位置，完成矩形的绘制，如图 5-14 所示。

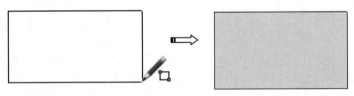

图 5-14　绘制矩形

② 在绘制矩形的过程中，若出现"黄金分割"的提示，则说明绘制的是"黄金分割"矩形，如图 5-15 所示。

③ 也可以在数值框中输入"500,300"，精确地绘制矩形，按 Enter 键即可结束操作，如图 5-16 所示。

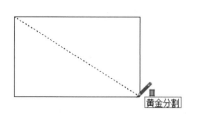
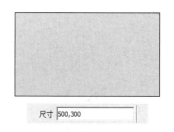

图 5-15　绘制"黄金分割"矩形　　　　图 5-16　精确绘制矩形

> **提示**
> 如果输入负值（-100,-100），则 SketchUp 将把负值应用到与绘图方向相反的方向，并在这个新方向上应用新的值。

④ 在确定矩形第二对角点的过程中，若出现一条对角虚线并在鼠标指针位置显示"正方形"，那么所绘制的就是正方形，如图 5-17 所示。

⑤ 绘制矩形并自动填充为面域后，可以删除面，仅保留矩形框，如图 5-18 所示。但是，如果删除矩形上的一条线，那么矩形面就不存在了。

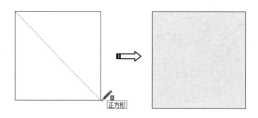
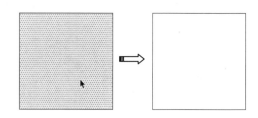

图 5-17　绘制正方形　　　　　　　　图 5-18　删除面保留矩形框

2. 绘制斜矩形

单击【旋转矩形】按钮 ，可以绘制倾斜的矩形。

① 单击【旋转矩形】按钮 ，在鼠标指针所在位置显示量角器，用以确定倾斜角度，如图 5-19 所示。

② 在绘图区中单击，确定矩形第一角点，接着绘制一条斜线以确定矩形的一条边，如图 5-20 所示。

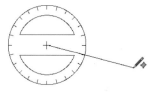

图 5-19　显示量角器　　　　　　　　图 5-20　绘制矩形的一条边

③ 沿着斜线的垂直方向拖动，以确定矩形的垂直边长度，单击即可完成倾斜矩形的绘制，如图 5-21 所示。按 Enter 键结束操作。

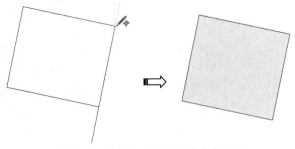

图 5-21　确定垂直边的长度完成绘制

5.1.4　圆形工具

圆形是由若干条首尾相接的线段组成的。下面介绍如何绘制一个半径精确的圆及多边形。

① 单击【圆形】按钮 ，这时鼠标指针变成如图 5-22 所示的形状。
② 在绘图区任意单击确定圆心，拖动鼠标即可绘制一个圆形，在任意位置单击以确定圆形半径，即可完成圆的绘制，如图 5-23 所示。

图 5-22　圆形笔势　　　　　图 5-23　绘制圆形

③ 在数值框中输入半径值"3 000"，也可以画出半径为 3 000mm 的圆形，如图 5-24 所示。
④ 默认的圆形边数为 24，减少边数可以变成多边形。当执行【圆形】命令后，在数值框中设置边数为"8"并按 Enter 键确认，即可绘制出边数为 8 的八边形，如图 5-25 所示。

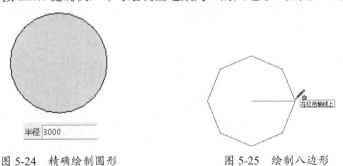

图 5-24　精确绘制圆形　　　　　图 5-25　绘制八边形

5.1.5　多边形工具

使用多边形工具可绘制普通的多边形图元。在开始绘制多边形之前，按住 Shift 键，可将绘图操作锁定到画多边形的方向。

前面介绍了通过减少圆形边数绘制多边形的方法，下面介绍内切圆多边形的绘制方法。系统默认的多边形为六边形。

① 单击【多边形】按钮 ，鼠标指针变成多边形笔势。在绘图区单击确定多边形的中心点，如图 5-26 所示。
② 按住鼠标左键不放向外拖动，以确定多边形的大小，或者在数值框中输入精确值来确定多边形的内切圆半径，按 Enter 键完成多边形的绘制，如图 5-27 所示。

图 5-26　确定多边形的中心点　　　　　图 5-27　完成多边形的绘制

5.1.6　圆弧工具

圆弧是由多条线段相互连接组合而成的，主要用于绘制圆弧实体。系统提供了 4 种圆弧绘制方式，下面详解。

1.【从中心和两点】绘制圆弧

① 单击【圆弧】按钮 ，这时鼠标指针变成量角器笔势。在绘图区的任意位置单击，确定圆弧圆心。
② 拖动鼠标拉长虚线可以确定圆弧半径，或者在数值框中输入长度值（半径）"2 000"并按 Enter 键确认，即可完成圆弧的绘制，如图 5-28 所示。

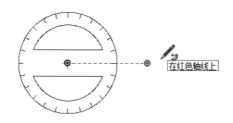

图 5-28　确定圆弧的圆心及半径（圆弧起点）

③ 拖动鼠标绘制圆弧。如果要精确地控制圆弧角度，则可在数值框中输入角度值"90"并按 Enter 键，即可完成圆弧的绘制，如图 5-29 所示。

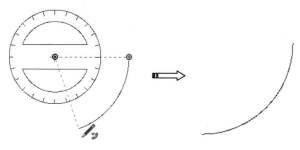

图 5-29　精确绘制圆弧

2.【根据起点、终点和凸起部分】绘制相切圆弧

绘制两段圆弧相切的效果。

① 单击【圆弧】按钮，先任意绘制一段圆弧。

② 单击 按钮，指定第一段圆弧的终点为第二段圆弧的起点，向上拖动鼠标，当预览显示一条浅蓝色圆弧时，说明两圆弧已相切，再单击鼠标确定圆弧终点，如图 5-30 和图 5-31 所示。

图 5-30　绘制一段圆弧　　　　　图 5-31　确定现圆弧的起点和终点

③ 拖动鼠标，当圆弧再次显示为浅蓝色时，说明已经捕捉到圆弧中点，单击即可完成相切圆弧的绘制，如图 5-32 所示。

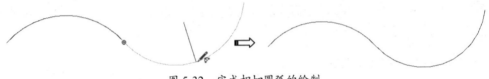

图 5-32　完成相切圆弧的绘制

3.【以 3 点画弧】绘制圆弧

【以 3 点画弧】这种方式是通过依次确定圆弧起点、中点（圆弧上一点）和终点来绘制圆弧的，如图 5-33 所示。

4. 扇形

单击【扇形】按钮，可以通过确定圆心、圆弧起点及终点来绘制扇形面，如图 5-34 所示。绘制方法与【从中心和两点】来绘制圆弧的方法相同。

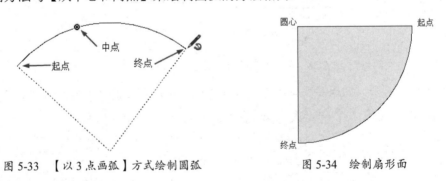

图 5-33　【以 3 点画弧】方式绘制圆弧　　　　图 5-34　绘制扇形面

案例——绘制太极八卦

本案例主要利用直线工具、圆弧工具、圆工具创建模型，如图 5-35 所示为太极八卦效果图。

图 5-35　太极八卦效果图

① 单击【圆弧】按钮，绘制一段长为 1 000mm、弧高为 500mm 的圆弧，如图 5-36 所示。

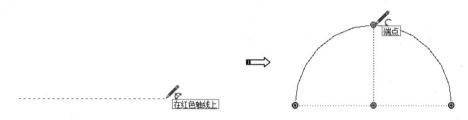

图 5-36　绘制圆弧

② 继续绘制相切圆弧，距离和弧高与第一段圆弧相同，如图 5-37 所示。

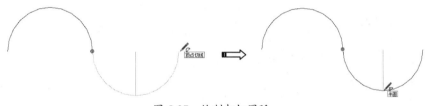

图 5-37　绘制相切圆弧

③ 单击【圆】按钮，沿圆弧中心绘制一个圆形面（边数为 36），使它被分割成两个面，如图 5-38 所示。

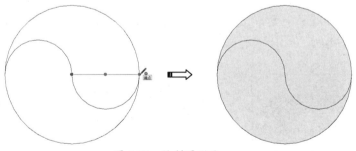

图 5-38　绘制圆形面

④ 单击【圆】按钮，绘制两个半径为 150mm 的小圆，如图 5-39 所示。
⑤ 单击【材质】按钮，在【材料】面板中选择黑、白颜色来填充面，效果如图 5-40 所示。

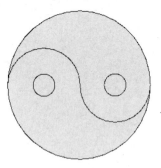
图 5-39 绘制两个小圆

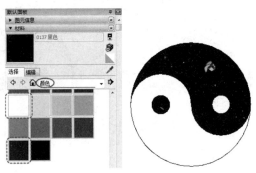
图 5-40 填充颜色

5.2 利用编辑工具建立基本模型

SketchUp 的编辑工具包括移动工具、推/拉工具、旋转工具、路径跟随工具、缩放工具和偏移工具。如图 5-41 所示为【编辑】工具栏。

图 5-41 【编辑】工具栏

5.2.1 移动工具

移动工具可用于移动、拉伸和复制几何图形,还可用于旋转组件和组。

源 文 件:\Ch03\树.skp
结果文件:\Ch03\复制树.skp

1. 利用移动工具复制模型

利用移动工具可以复制单个或者多个模型,下面对植物模型进行复制操作。

① 选中模型,单击【移动】按钮 ✥,同时按住 Ctrl 键不放,此时会显示"+"号,按住鼠标左键不放进行拖动,如图 5-42 和图 5-43 所示。

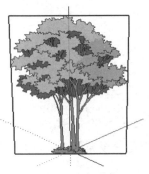
图 5-42 选中对象

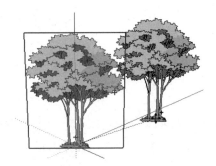
图 5-43 移动复制对象

② 继续选中模型,可以复制多个对象,如图 5-44 所示。
③ 切换到选择工具,单击空白处,复制效果如图 5-45 所示。

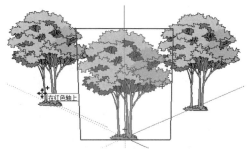
图 5-44 复制多个对象

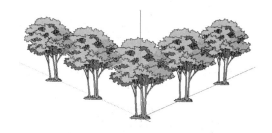
图 5-45 复制效果

2. 复制等距模型

利用数值框可精确复制出等距模型。

① 当复制好一个模型后,在数值框中输入 "/10",按 Enter 键结束操作,即可在原模型和副本模型之间复制出距离相等、比例相同的 9 个模型,如图 5-46 和图 5-47 所示。

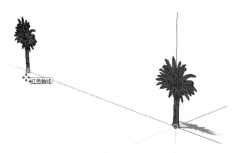
图 5-46 复制出一个对象

图 5-47 复制出等距的 9 个副本

② 如果在数值框中输入 "*10",按 Enter 键结束操作,即可复制出同等距离的 10 个副本模型,如图 5-48 所示。

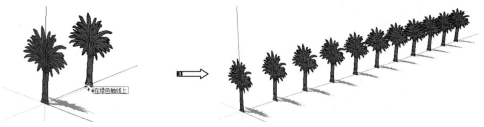
图 5-48 复制相等距离的副本

> **提示**
> 复制同等比例模型,在创建包含多个相同项目的模型(如栅栏、桥梁和书架)时特别有用,因为柱子或横梁以等距离间隔排列。

5.2.2 推/拉工具

利用【推/拉】工具,可以将不同形状的二维平面(圆、矩形、抽象平面)推或拉成三维几何体模型。值得注意的是,这个三维几何体并非实体,内部无填充物,仅仅是封闭的曲面而已。

1. 推/拉出几何体

下面以创建一个园林景观中的石阶模型为例，详细讲解如何推/拉出三维模型。

① 单击【矩形】按钮■，绘制一个矩形面，如图 5-49 所示。

② 单击【直线】按钮∕，绘制 4 条线来拆分矩形面，如图 5-50 所示。

图 5-49　绘制矩形面　　　　　　图 5-50　拆分矩形面

③ 单击【推/拉】按钮♦，选取拆分后的一个面，向上推/拉一定距离，得到一个长方体，如图 5-51 所示。

> **提示**
> 将一个面推/拉一定的高度后，如果在另一个面上双击，则会将该面推/拉出同样的高度。

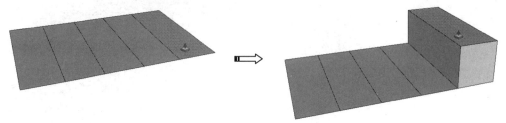

图 5-51　推/拉面

④ 继续单击【推/拉】按钮♦，再选择另外拆分的矩形面进行推/拉操作，推/拉出层次，形成石阶，如图 5-52 所示。

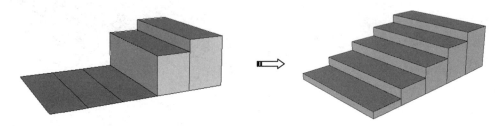

图 5-52　推/拉其他面

⑤ 单击【材质】按钮，为石阶填充适合的材质，如图 5-53 所示。

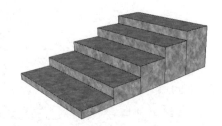

图 5-53　填充材质

> **提示**
>
> 【推/拉】工具只能用于平面,不能在【线框】模式下操作。

2. 放样几何体

由于 SketchUp 中没有【放样】工具来创建出如图 5-54 所示的放样几何体,因此可以利用"【移动】命令+Alt 键"的方式来创建放样几何体。

下面利用【推/拉】工具和【移动】工具创建一个放样模型。

① 单击【圆】按钮 ⊙,绘制一个半径为 5 000mm 的圆,如图 5-55 所示。

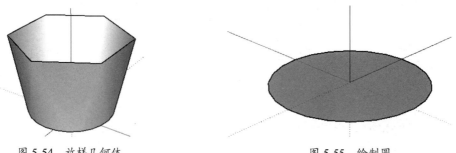

图 5-54　放样几何体　　　　图 5-55　绘制圆

② 单击【多边形】按钮 ⊙,捕捉到圆形面的中心点作为圆心,绘制半径为 6 000mm 的正六边形,如图 5-56 所示。

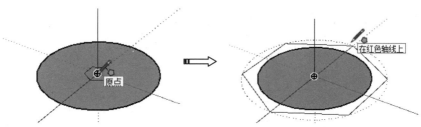

图 5-56　绘制正六边形

③ 选中正六边形(不要选择正六边形面),然后单击【移动】按钮 ✥,并捕捉到其圆心作为移动起点,如图 5-57 所示。

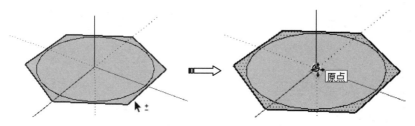

图 5-57　选择移动对象并捕捉移动起点

④ 按住 Alt 键沿着 Z 轴拖动鼠标,可以创建出如图 5-58 所示的放样几何体。

⑤ 单击【直线】按钮 ✎,绘制多边形面,将上方的洞口封闭,形成完整的几何体模型,如图 5-59 所示。

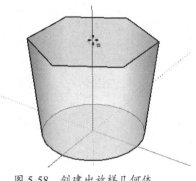
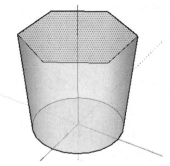

图 5-58　创建出放样几何体　　　　　图 5-59　绘制封闭曲面

5.2.3 旋转工具

使用旋转工具，可以以任意角度来旋转几何体，在旋转的同时还可以创建副本对象。

> 源 文 件：\Ch03\中式餐桌.skp

本例主要是快速创建餐椅。

① 打开本例源文件，几何体模型如图 5-60 所示。

图 5-60　打开的几何体模型

② 选中要旋转的模型——餐椅，然后单击【旋转】按钮，将量角器放置在餐桌中心点上（确定角度顶点），如图 5-61 和图 5-62 所示。

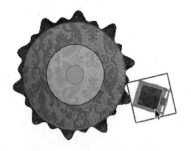

图 5-61　选择要旋转的对象　　　　　图 5-62　放置在旋转中心点

③ 放置量角器后向右水平拖出一条角度测量线，在合适的位置单击，确定测量起点，再按住 Ctrl 键进行旋转，可以看到即将旋转复制的对象，如图 5-63 和图 5-64 所示。

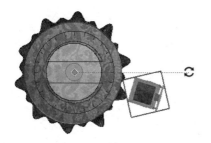
图 5-63 确定角度测量起点

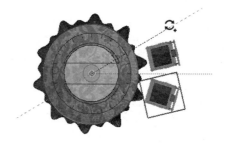
图 5-64 旋转复制预览

④ 在数值框中输入"30"并按 Enter 键确认,接着输入"*12"并按 Enter 键确认,则表示以当前角度作为参考来复制出相等角度的 12 个模型,如图 5-65 和图 5-66 所示。

图 5-65 复制第一个对象

图 5-66 复制出其他对象

5.2.4 路径跟随工具

使用路径跟随工具,可以沿一条曲线路径扫描截面,从而创建出扫描模型。

1. 创建圆环

① 单击【圆】按钮 ●,绘制一个半径为 1 000mm 的圆形面,如图 5-67 所示。
② 单击【视图】工具栏中的【前视图】按钮 ⌂,切换到前视图。单击【圆】按钮 ●,在圆的象限点上绘制一个半径为 200mm 的小圆形面,形成放样的截面,如图 5-68 和图 5-69 所示。

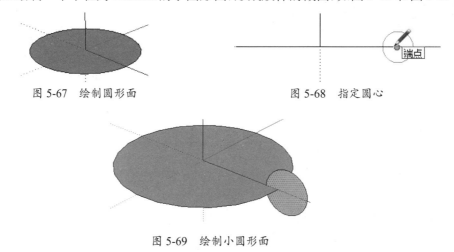

图 5-67 绘制圆形面　　　　　图 5-68 指定圆心

图 5-69 绘制小圆形面

> **提示**
>
> 目前 SketchUp 中没有切换视图的快捷键，用户在绘图时确实会有不便之处。可以自定义快捷键，方法是：在菜单栏中执行【窗口】|【系统设置】命令，打开【SketchUp 系统设置】对话框。进入【快捷方式】设置界面，在【功能】列表框中找到【相机（C）/标准视图（S）/等轴视图（I）】选项，并在【添加快捷方式】文本框中输入"F2"或者按下键盘上的F2键后，单击 ➕ 添加快捷方式，如图 5-70 所示。其余的视图也按此方法依次设定快捷键为 F3、F4、F5、F6、F7 和 F8。可以将设置的结果导出，便于重启软件后再次打开设置文件。最后单击【确定】按钮完成快捷方式的定义。

图 5-70　添加快捷方式

③ 先选择大圆形面或选取大圆形的边线（作为路径），接着单击【路径跟随】按钮 ，再选择小圆形面作为扫描截面，如图 5-71 和图 5-72 所示。

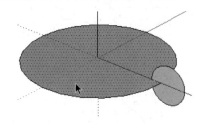
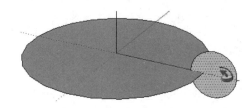

图 5-71　选择扫描路径　　　　　　　图 5-72　选择扫描截面

④ 随后系统自动创建出扫描几何体，将中间的面删除即得到圆环效果，如图 5-73 所示。

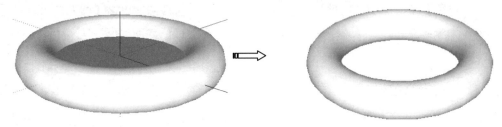

图 5-73　创建的扫描几何体

2. 创建球体

下面利用路径跟随工具来创建一个球体。

① 单击【圆】按钮 ，在默认的等轴视图中，以坐标原点为圆心绘制一个半径为 500mm 的圆形面，如图 5-74 所示。

② 按 F4 键切换到前视图（注意，按照前面介绍的快捷键的设置方法先设置好），然后再绘制一个半径为 500mm 的圆形面，此圆形面与第一个圆形面的圆心重合，如图 5-75 所示。

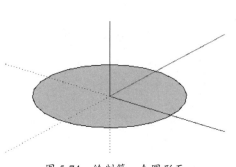
图 5-74 绘制第一个圆形面

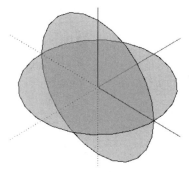
图 5-75 绘制第二个圆形面

③ 先选择第一个圆形面作为扫描路径，单击【路径跟随】按钮 ，接着选择第二个圆形面作为扫描截面，随后系统自动创建一个球体，如图 5-76 所示。

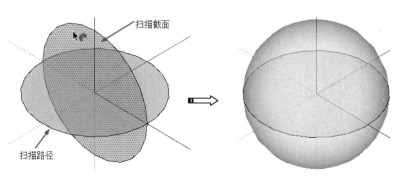
图 5-76 创建球体

5.2.5 缩放工具

使用缩放工具可以对模型进行等比例或非等比例缩放，配合 Shift 键可以在等比例和非等比例缩放之间切换，配合 Ctrl 键则以中心为轴进行缩放。

> 源 文 件：\Ch03\凉亭.skp

下面对一个凉亭模型进行缩放操作，可以自由缩放，也可按比例进行缩放，从而改变当前模型的结构。

① 打开凉亭模型。
② 选中凉亭所属的全部组件对象，单击【缩放】按钮 ，显示缩放控制框，如图 5-77 所示。

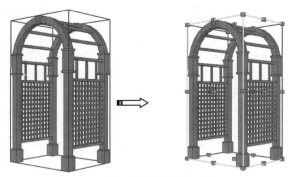

图 5-77 选中要缩放的组件对象

③ 在控制框中任意单击一个控制点,沿着轴线拖动鼠标即可进行缩放操作,如图 5-78 所示。
④ 在轴线上的某个位置单击,即可完成对象的缩放操作,如图 5-79 所示。

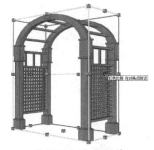

图 5-78 缩放操作　　　　　　　　图 5-79 缩放结果

⑤ 利用同样的方法可以拖动其他控制点来缩放对象,最后的缩放效果如图 5-80 所示。

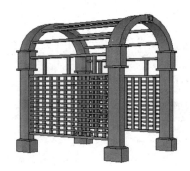

图 5-80 缩放操作完成的效果

5.2.6　偏移工具

创建 3D 模型时,通常需要绘制稍大或稍小的版本,并使两个版本保持彼此等距,这称为偏移。偏移工具就是用来偏移对象的工具。

> 源　文　件:\Ch03\模型 1.skp

下面利用偏移工具完善一个花坛模型。
① 如图 5-81 所示为打开的一部分花坛模型。

② 单击【偏移】按钮 ⌒，选择要偏移的边线，如图 5-82 所示。

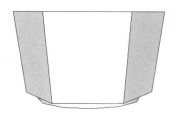
图 5-81　打开的一部分花坛模型

图 5-82　选择边线

③ 向里偏移复制一个面，如图 5-83 所示。

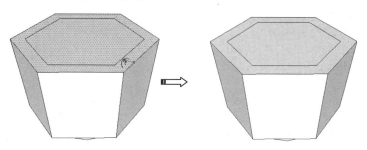
图 5-83　偏移复制面

④ 单击【推/拉】按钮 ◆，对偏移复制的面进行推/拉操作，如图 5-84 所示。

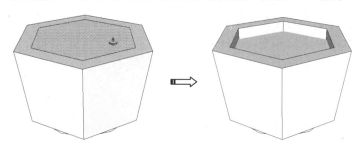
图 5-84　推出凹槽形状

⑤ 单击【材质】按钮 ◆，对创建的花坛填充适合的材质，如图 5-85 所示。

图 5-85　填充材质后的花坛模型

案例——创建雕花图案

本案例将导入一张 CAD 雕花图纸制作成雕花模型，如图 5-86 所示为效果图。

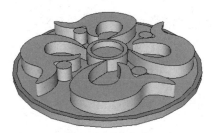

图 5-86 效果图

① 在菜单栏中执行【文件】|【导入】命令,在【文件类型】下拉列表中选择"AutoCAD 文件(*.dwg,*.dxf)"选项,如图 5-87 所示,导入结果如图 5-88 所示。

图 5-87 选择图纸

图 5-88 查看导入结果

② 单击 关闭 按钮,导入的图案如图 5-89 所示。

③ 单击【直线】按钮 ,沿图案边线绘制封闭的面,如图 5-90 所示。

图 5-89 导入的图案

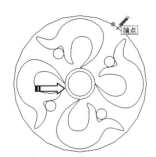

图 5-90 绘制封闭面

④ 利用【手绘线】工具,绘制线条,将要单独进行推/拉操作的图案进行封面操作,如图 5-91 所示。

⑤ 单击【推/拉】按钮 ,向上拉出 2 000mm,如图 5-92 所示。

图 5-91 绘制线条封面

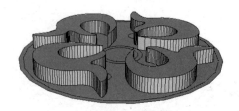

图 5-92 向上拉出几何体

⑥ 单击【偏移】按钮 ，将外边框向外偏移复制 600mm，如图 5-93 所示。
⑦ 单击【推/拉】按钮 ，向下推出 1 000mm，形成几何体，如图 5-94 所示。

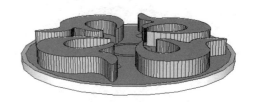

图 5-93　偏移复制边框线　　　　　　　　图 5-94　向下推出几何体

⑧ 单击【推/拉】按钮 ，将 4 个圆向上拉出 2 000mm，如图 5-95 所示。
⑨ 单击【推/拉】按钮 ，将中间的两个圆分别拉出 2 000mm 和 1 000mm，如图 5-96 所示。

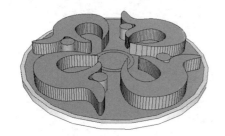

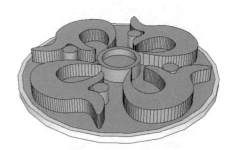

图 5-95　向上拉出 4 个圆柱　　　　　　　图 5-96　向上拉出中间圆柱

⑩ 选中模型，选择【窗口】/【柔化边线】命令，对边线进行柔化，结果如图 5-97 所示。

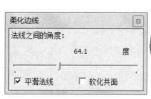

图 5-97　柔化边线

> 提示
>
> 当创建复杂图案的封闭面时，需要读者有足够的耐心，描边时要仔细，只要有一条线没有连接上，就无法创建一个面。遇到无法创建面的情况，可以尝试将导入的线条删掉，直接重新绘制并连接。

5.3　布尔运算

　　SketchUp 的实体工具是对模型进行布尔运算的工具，仅用于 SketchUp 实体。实体是具有有限封闭体积的 3D 模型（组件或组），实体不能有任何裂缝（平面缺失或平面间存在缝隙）。

　　默认情况下，利用【绘图】工具栏和【编辑】工具栏中的工具来建立的几何体，仅仅是一个封闭的面组，还谈不上实体。例如，利用【圆】命令和【推/拉】命令创建的圆柱体，实际上是由 3 个面组连接而成的模型，每个面都是独立的，也是可以单独删除的。若要变成实体，只需要将这些面合并成"组件"或者"群组"的形式，如图 5-98 所示。

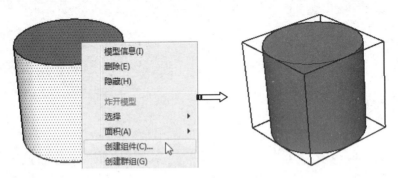

图 5-98　创建群组件

> **提示**
> "组件"是多个群组的集合体，等同于"部件"或"零件"。"群组"是 SketchUp 中多个几何对象的集合体，等同于"几何体特征"，而点、线及面则称为"几何对象"。

实体工具是对实体进行布尔运算的工具。实体工具包括实体外壳工具、相交工具、联合工具、减去工具、剪辑工具和拆分工具。如图 5-99 所示为【实体工具】工具栏。

图 5-99　【实体工具】工具栏

5.3.1　实体外壳工具

实体外壳工具用于删除和清除位于交迭组或组件内部的几何图形（保留所有外表面）。执行【实体外壳】命令的结果与执行【联合】命令的结果类似，但执行【实体外壳】命令的结果只能包含外表面，而执行【联合】命令的结果则还能包含内部几何图形。

① 利用【圆】命令和【推/拉】命令绘制两个长方体，并先后创建为组件，如图 5-100 所示。
② 单击【实体外壳】按钮，选择第一个组件实体，接着选择第二个组件实体，如图 5-101 所示。

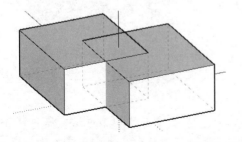

图 5-100　创建两个组件实体

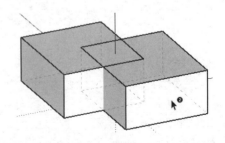

图 5-101　选择两个组件实体

③ 随后自动创建包容两个实体的外壳，如图 5-102 所示。

> 💡 **提示**
> 如果将鼠标指针放在组外，则会变成带有圆圈和斜线的箭头；如果将鼠标指针放在组内，则会变成带有数字的箭头。

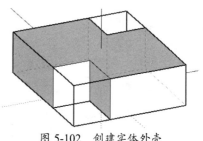

图 5-102　创建实体外壳

5.3.2　相交工具

相交是指某一组或组件与另一组或组件相交或交迭形成新的几何图形，利用相交工具可以对一个或多个相交组或组件执行【相交】操作，从而产生新的几何图形。

① 同样以两个组件实体为例，在"后边线"样式下进行操作，如图 5-103 所示。
② 单击【相交】按钮，选择第一个组件实体，接着选择第二个组件实体，随后自动创建相交部分的实体，如图 5-104 所示。

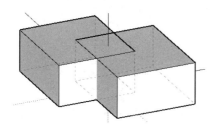

图 5-103　两个矩组件实体

图 5-104　实体相交结果

5.3.3　联合工具

联合是指将两个或多个实体体积合并为一个实体。联合的结果类似于执行【实体外壳】命令的结果。不过，执行【联合】命令的结果可以包含内部几何图形，而执行【实体外壳】命令的结果只包含外表面。

① 同样以两个组件实体为例，在"后边线"样式下进行操作，如图 5-105 所示。
② 单击【联合】按钮，选择第一个组件实体，接着选择第二个组件实体，随后自动完成合并，如图 5-106 所示。

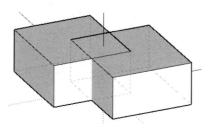

图 5-105　两个组件实体

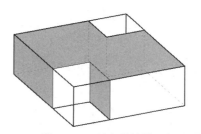

图 5-106　联合的结果

5.3.4 减去工具

利用减去工具可将一个组或组件的交迭几何图形与另一个组或组件的几何图形进行合并，然后从结果中删除第一个组或组件。只能对两个交迭的组或组件执行减去，并且所产生的减去效果还要取决于组或组件的选择顺序。

① 同样以两个组件实体为例，在"后边线"样式下进行操作，如图 5-107 所示。
② 单击【减去】按钮，选择第一个组件实体（作为被减去部分），接着选择第二个组件实体（作为主体对象），随后自动完成减去操作，如图 5-108 所示。

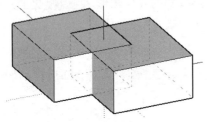 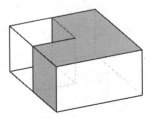

图 5-107　两个组件实体　　　　　　　　图 5-108　减去结果

5.3.5 剪辑工具

利用剪辑工具可将一个组或组件的交迭几何图形与另一个组或组件的几何图形进行合并，但只能对两个交迭的组或组件执行此操作。与减去结果不同的是，第一个组或组件会保留在剪辑结果中，并且产生的剪辑结果还要取决于组或组件的选择顺序。

① 同样以两个组件实体为例，在"后边线"样式下进行操作，如图 5-109 所示。
② 单击【剪辑】按钮，选择第一个组件实体（作为被剪辑对象），接着选择第二个组件实体（作为主体对象），随后自动完成剪辑操作，如图 5-110 所示。

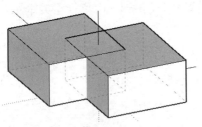 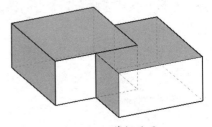

图 5-109　两个组件实体　　　　　　　　图 5-110　剪辑结果

5.3.6 拆分工具

利用拆分工具可将交迭的几何对象拆分为 3 部分。

① 同样以两个组件实体为例，在"后边线"样式下进行操作，如图 5-111 所示。
② 单击【拆分】按钮，选择第一个组件实体，接着选择第二个组件实体，随后自动完成拆

分操作,结果如图 5-112 所示。

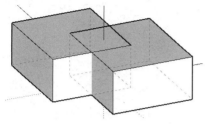

图 5-111　两个组件实体

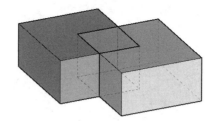

图 5-112　拆分结果

案例——创建圆弧镂空墙体

本案例主要应用绘图工具、实体工具创建镂空墙体模型,如图 5-113 所示为效果图。

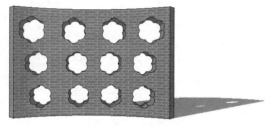

图 5-113　效果图

① 单击【圆弧】按钮,绘制一段长为 5 000mm 的圆弧,凸出部分为 1 000mm,如图 5-114 所示。

② 继续绘制另一段圆弧并与之相连接,如图 5-115 所示。

图 5-114　绘制圆弧

图 5-115　绘制第二段圆弧

③ 单击【直线】按钮,绘制两条直线打断面,并且将多余的面删除,如图 5-116 和图 5-117 所示。

图 5-116　绘制打断直线

图 5-117　删除多余面

④ 单击【推/拉】按钮,将圆弧面向上拉出 3 000mm,形成圆弧墙体,如图 5-118 所示。

⑤ 单击【圆】按钮,绘制一个半径为 300mm 的圆形面,如图 5-119 所示。

图 5-118 拉出墙体

图 5-119 绘制圆形面

⑥ 单击【圆弧】按钮 ，沿圆形面边缘绘制圆弧并与之相连，然后利用【旋转】工具将圆弧进行旋转复制，如图 5-120 和图 5-121 所示。

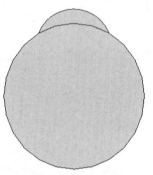
图 5-120 绘制圆弧

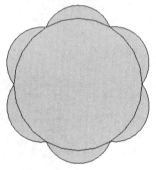
图 5-121 旋转复制圆弧

⑦ 单击【擦除】按钮 ，将圆形面删除，如图 5-122 所示。
⑧ 单击【推/拉】按钮 ，将形状拉长 1 500mm，如图 5-123 所示。

图 5-122 删除圆形面

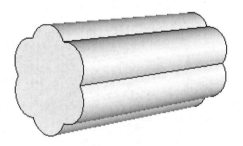
图 5-123 拉出几何体

⑨ 将墙体和几何体分别选中，分别创建群组，如图 5-124 和图 5-125 所示。

图 5-124 创建墙体群组

图 5-125 创建几何体群组

⑩ 单击【移动】按钮❖，将几何体群组移动到墙体上，如图 5-126 所示。
⑪ 继续单击【移动】按钮❖，按住 Ctrl 键不放，复制几何体，如图 5-127 所示。

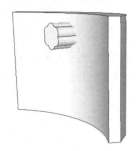

图 5-126 将几何体群组移动到墙体上

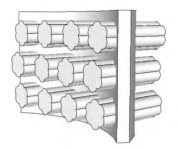

图 5-127 移动复制几何体

⑫ 单击【缩放】按钮，对复制的几何体进行缩放，如图 5-128 所示。
⑬ 单击【减去】按钮，选择第一个几何体群组，如图 5-129 所示。

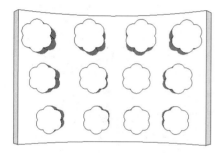

图 5-128 创建几何体的缩放

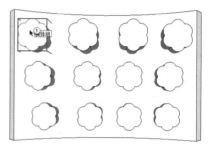

图 5-129 选择第一个几何体群组

⑭ 再选中第二个几何体群组，如图 5-130 所示。
⑮ 两个实体产生的减去效果如图 5-131 所示。

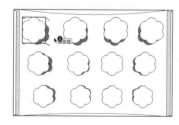

图 5-130 选择第二个几何体群组

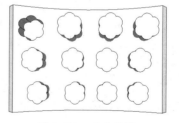

图 5-131 减去效果

⑯ 利用同样的方法，依次对墙体和几何体产生减去效果，形成镂空墙体，如图 5-132 所示。
⑰ 为镂空墙体填充适合的材质，如图 5-133 所示。

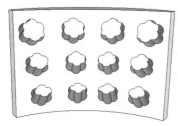

图 5-132 减去其他群组

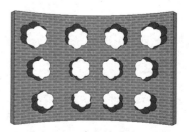

图 5-133 填充材质的效果

5.4 照片匹配建模

利用照片匹配功能可将照片与模型相匹配,创建不同风格的模型。在菜单栏中执行【窗口】|【默认面板】|【照片匹配】命令,在默认面板区域中显示【照片匹配】面板,如图5-134所示。

案例——照片匹配建模

下面以一张简单的建筑照片为例,进行照片匹配建模操作。

① 在【照片匹配】面板中单击 ⊕ 按钮,导入本书附赠的照片,从本案例源文件夹中打开"照片.jpg"图像文件,如图5-135所示。

图5-134 【照片匹配】面板

图5-135 新建照片匹配

② 调整红绿色轴的4个控制点,之后单击鼠标右键,在弹出的快捷菜单中选择【完成】命令,鼠标指针变成一支笔的样子,如图5-136所示。

图5-136 调整红绿色轴

③ 绘制模型轮廓,使它形成一个面,如图5-137所示。

> 提示
>
> 绘制封闭的曲线后会自动创建一个面并填充。

图5-137 绘制模型轮廓

④ 在【照片匹配】面板中单击 从照片投影纹理 按钮，将纹理投射到模型上。选择场景左上方的【照片】选项，单击鼠标右键，在弹出的快捷菜单中选择【删除】命令，将照片删除，如图 5-138 所示。

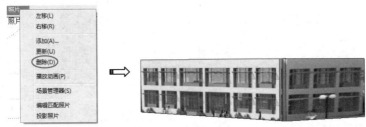

图 5-138　删除照片

⑤ 单击【直线】按钮，将面进行封闭，这样就形成了一个简单的照片匹配模型，如图 5-139 所示。

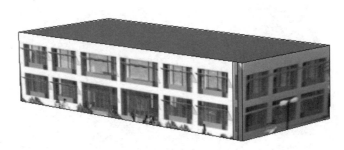

图 5-139　封闭面

> **提示**
> 调整红绿色轴是使其分别平行于该面的上水平沿和下水平沿（当然在画面中不是水平，但在空间中是水平的，表示与大地平行），用绿色的虚线界定另一个与该面垂直的面，同样是平行于该面的上、下水平沿。此时可看到蓝线（Z 轴）垂直于画面中的地面。另外，绿线与红线在空间中互相垂直形成了 xy 平面。

5.5　模型的柔化边线处理

柔化边线处理主要是指使线与线之间平滑连接，拖动滑块可以调整角度大小，角度越大，边线越平滑。勾选【平滑法线】复选框可以使边线平滑，勾选【软化共面】复选框可以使边线软化。

在【柔化边线】面板中显示了柔化边线选项，如图 5-140 所示。

案例——创建雕塑柔化边线效果

本案例主要是应用柔化边线功能，对一个景观小品雕塑的边线进行柔化。如图 5-141 所示为雕塑柔化边线效果。

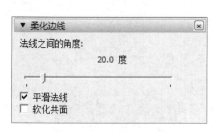
图 5-140 【柔化边线】面板

图 5-141 雕塑柔化边线效果

① 打开并选中雕塑模型,【柔化边线】面板中的选项均被激活,如图 5-142 所示。

图 5-142 打开模型并选中模型

② 在【柔化边线】面板中拖动【法线之间的角度】滑块,对边线进行柔化,如图 5-143 所示。
③ 选中【软化共面】复选框,调整后的平滑边线和软化共面效果如图 5-144 所示。

图 5-143 柔化边线

图 5-144 软化共面

> 提示
> 要先选中模型才会激活【柔化边线】面板,若不选中模型,该面板则以灰色状态显示。

5.6 组织模型

在 SketchUp 中经常会出现几何体对象粘到一起的现象。为了避免这种情况发生,可以创建组件或群组。创建组件或群组后,SketchUp 的图层系统能有更近似于 AutoCAD 的图层功能,可提高重新作图与模型变换操作的效率。

5.6.1 创建组件

组件就是场景中的多个几何体对象（指点、线、面）组合成类似于"实体"的集合。组件类似于 AutoCAD 中的图块。使用组件可以方便地重复使用既有图面中的部分文件。它们也具有关联功能，在场景中放置组件后，如果其中一个组件被修改，那么其他相同组件的所有副本都会同步更新，如此一来，模型内标准单元的编辑就变得简单了。

> 提示
> 实体内部是有填充物的，而组件只是几何体对象的集合，内部为空心状态，没有填充物，也可以将独立的几何体对象与组件一起组合成组件。

将几何体对象转为组件后，具有以下功能：

- 组件是可重复使用的。
- 组件与其当前连接的任何几何体都是分离的（类似于群组）。
- 无论何时编辑组件，都可以编辑组件实例或定义。
- 如果用户愿意，可以将组件粘贴到特定平面（通过设置其粘合平面）或在面上切割一个孔（通过设置切割平面）。
- 可以将元数据（例如高级属性和 IFC 分类类型）与组件相关联。

> 提示
> 在创建组件之前，应确保它与绘图轴对齐，并以打算使用该组件的方式连接到其他几何体。如果希望组件有粘合平面或切割平面，则此问题尤为重要，因为上述内容可确保组件以用户期望的方式粘贴到平面或切割面。例如，确保沙发的腿在水平面上。除非需要在地板上设置窗户或门，否则会在与蓝色轴垂直对齐的墙上创建窗户或门组件。

源 文 件：\Ch03\盆栽.skp

① 打开盆栽模型，如图 5-145 所示。
② 单击【选择】按钮 ，将所有模型选中，如图 5-146 所示。

图 5-145　盆栽模型

图 5-146　选中模型

③ 单击【制作组件】按钮 ，弹出【创建组件】对话框，如图 5-147 所示。
④ 在【创建组件】对话框中输入名称，如图 5-148 所示。

图 5-147 【创建组件】对话框

图 5-148 输入名称

⑤ 单击 创建 按钮，即可创建一个盆栽组件，如图 5-149 所示。

> **提示**
> 当场景中没有选中的模型时，【制作组件】按钮呈灰色状态，即不可使用。场景中必须有模型需要操作，【制作组件】按钮才会被启用。

图 5-149 创建盆栽组件

5.6.2 创建群组

利用群组工具可将多个组件或者组件与几何体组织成一个整体。群组与组件是类似的。用户可以迅速创建群组，并且能够在内部编辑群组。群组也可以嵌套，更可以在其他的群组或组件内进行编辑。

群组有以下优点。

- 快速选择：选择一个群组时，群组内所有的元素都将被选中。
- 几何体隔离：编组可以使群组内的几何体和模型的其他几何体分隔开来，这意味着修改其他几何体不会被影响。
- 帮助组织用户的模型：用户可以把几个群组再编为一个组，创建一个分层群组。
- 改善性能：用群组来划分模型，可以使 SketchUp 更有效地利用计算机资源——方便用户更快地绘图和显示模型。
- 群组的材质：分配给群组的材质会由群组内使用默认材质的几何体继承，而指定了其他材质的几何体则保持不变。这样就可以快速地给某些特定的表面上色（炸开群组，可以保留替换了的材质）。

创建群组的过程非常简单：在图形区内将要创建群组的对象（包括组件、群组或几何体）选中，再执行菜单栏中的【编辑】|【创建群组】命令，或者在图形区单击鼠标右键，在弹出的快键菜单中选择【创建群组】命令，即可创建群组。

5.6.3 组件、群组的编辑和操作

当创建组件或群组后,可以进行编辑或炸开、分离操作。

1. 编辑组件或群组

当集合对象为组件时,可以选中该对象并选择右键快捷菜单中的【编辑组件】命令,或者直接双击组件,即可进入组件编辑状态,如图 5-150 所示。

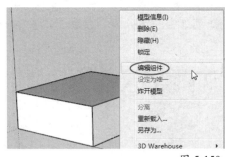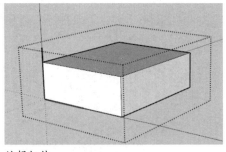

图 5-150　编辑组件

在编辑状态下,可以对几何体进行变换操作、为其应用材质和贴图,以及对模型进行编辑等。与创建组件之前的操作是完全相同的。

同理,当集合对象为群组时,也可以编辑群组对象,操作过程和结果与组件是完全相同的,如图 5-151 所示。

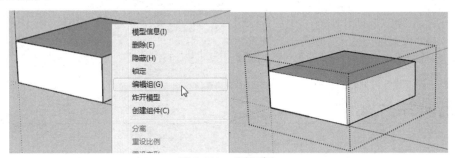

图 5-151　编辑群组

2. 炸开与分离

如果不需要组件或群组,则可以在组件或群组对象上单击鼠标右键,在弹出的快捷菜单中选择【炸开模型】命令,撤销组件或群组。

分离是针对组件而言的,当对一个几何体进行操作会影响其内部的组件时,可以将内部的这个组件分离出去。

① 单击【圆】按钮 ◉,绘制一个圆,接着在内部绘制一个小圆,如图 5-152 所示。
② 双击(注意不是单击)内部的小圆,然后单击鼠标右键并选择快捷菜单中的【创建组件】命令,将小圆单独创建为组件(实际上包含了圆形边框和内部的圆形面),如图 5-153 所示。

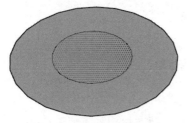
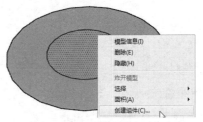

图 5-152 绘制两个圆　　　　　　　图 5-153 创建组件

③ 创建组件后，可以发现，当移动大圆时，小圆会一起移动，如图 5-154 所示。

④ 此时选中小圆组件，单击鼠标右键，选择快捷菜单中的【分离】命令，如图 5-155 所示。

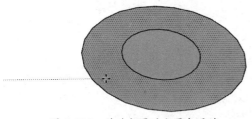
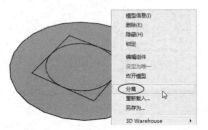

图 5-154 移动大圆时小圆会跟随　　　　图 5-155 分离小圆

⑤ 此时移动大圆小圆不会跟随，如图 5-156 所示。

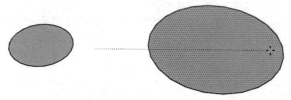

图 5-156 移动大圆时小圆不会跟随

5.7 建模综合案例

下面以几个典型案例来详细讲解 SketchUp 基本绘图功能的应用。

案例——绘制吊灯

本案例主要应用圆工具、推/拉工具、偏移工具、移动工具来创建模型。

① 单击【圆】按钮，在场景中绘制一个半径为 500mm 的圆形面，如图 5-157 所示。

② 单击【推/拉】按钮，将圆形面向上拉 20mm，如图 5-158 所示。

图 5-157 绘制圆形面　　　　　　　图 5-158 拉出圆柱体

③ 单击【偏移】按钮，将圆形面向内偏移复制 50mm，如图 5-159 所示。

④ 单击【推/拉】按钮，将复制的圆形面向下推 10mm，形成台阶，如图 5-160 所示。

图 5-159　偏移复制圆形

图 5-160　向下推出台阶

⑤ 单击【圆】按钮，绘制半径为 50mm 的圆形面，单击【推/拉】按钮，将圆形面向下推 50mm，生成小圆柱，如图 5-161 和图 5-162 所示。

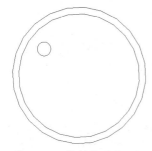

图 5-161　绘制圆形面

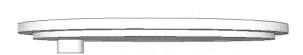

图 5-162　推出小圆柱

⑥ 单击【偏移】按钮，将圆形面向内偏移复制 45mm，单击【推/拉】按钮，将复制的圆形面向下推 300mm，如图 5-163 所示。

⑦ 单击【偏移】按钮，将上一步推出的圆柱体底面向外偏移复制 80mm，单击【推/拉】按钮，将圆形面向下推 100mm，如图 5-164 和图 5-165 所示。

⑧ 选中模型，选择【编辑】|【创建群组】命令，创建群组对象，如图 5-166 所示。

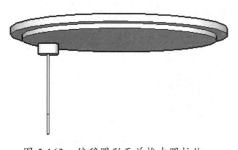

图 5-163　偏移圆形面并推出圆柱体

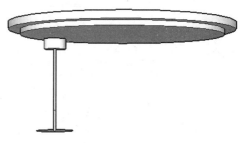

图 5-164　偏移复制圆形面

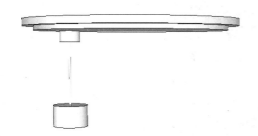

图 5-165　推出圆柱体

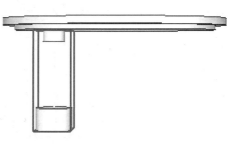

图 5-166　创建群组

⑨ 单击【移动】按钮✥，按住 Ctrl 键不放，进行复制群组操作，如图 5-167 和图 5-168 所示。

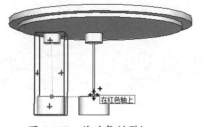

图 5-167　移动复制群组

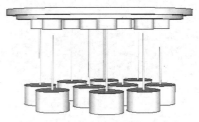

图 5-168　复制多个群组的结果

⑩ 单击【缩放】按钮，对复制的吊灯进行不同程度的缩放，表现出层次感，如图 5-169 和图 5-170 所示。

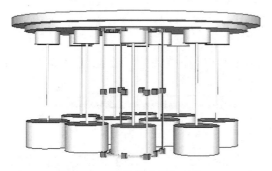

图 5-169　缩放单个群组对象

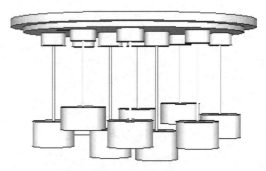

图 5-170　不同比例的缩放

⑪ 单击【材质】按钮，为制作的吊灯添加合适的材质，双击群组填充材质，如图 5-171～图 5-173 所示。

图 5-171　选择材质

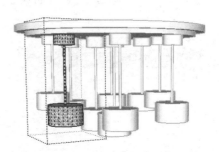

图 5-172　添加材质到群组中

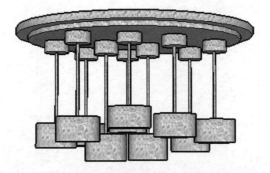

图 5-173　最终完成的效果

案例——绘制古典装饰画

本案例主要应用圆工具、缩放工具、推/拉工具、偏移工具，并导入图片来创建模型。

① 单击【圆】按钮 ◉，在场景中绘制一个圆形面，如图 5-174 所示。
② 单击【缩放】按钮 ▦，将圆形面缩放成椭圆形面，如图 5-175 所示。

图 5-174　绘制圆形面　　　　　　　图 5-175　缩放圆形面

③ 单击【推/拉】按钮 ▦，将其向上拉 50mm，如图 5-176 所示。
④ 单击【偏移】按钮 ▦，将面向内偏移复制 50mm，如图 5-177 所示。

图 5-176　向上拉出圆柱体　　　　　　图 5-177　偏移复制面

⑤ 单击【推/拉】按钮 ▦，将复制的面向下推 30mm，如图 5-178 所示。
⑥ 单击【圆弧】按钮 ▦，绘制一段圆弧，如图 5-179 所示。
⑦ 单击【偏移】按钮 ▦，将圆弧向外进行适当偏移复制，如图 5-180 所示。
⑧ 将中间的面删除，如图 5-181 所示。

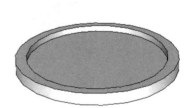

图 5-178　推出台阶

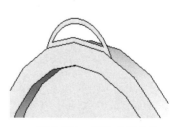

图 5-179　绘制圆弧　　　图 5-180　偏移复制圆弧　　　图 5-181　删除中间的面

⑨ 单击【推/拉】按钮 ，向外推圆弧，效果如图 5-182 所示。

⑩ 选择【文件】|【导入】命令，导入古典美女图片，放在框内并调整位置，如图 5-183 所示。

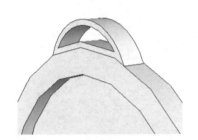

图 5-182 向外推/拉出形状

图 5-183 导入图片并调整图片位置

⑪ 在图片上单击鼠标右键，选择【分解】命令，将图片炸开，如图 5-184 所示。

⑫ 选中多余的部分，对边、线、面进行删除操作，如图 5-185 和图 5-186 所示。

⑬ 为边框填充一种合适的材质，装饰画效果如图 5-187 所示。

图 5-184 分解图片

图 5-185 删除多余的部分

图 5-186 删除多余部分的结果

图 5-187 为边框填充材质

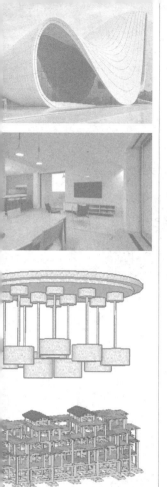

06

建筑构件设计

本章主要介绍在 SketchUp 中设计常见的建筑、园林、景观小品等构件的方法,并以真实的设计图来表现模型在日常生活中的应用。

项目分解

☑ 房屋构件设计

☑ 园林水景构件设计

☑ 植物造景构件设计

☑ 园林设施构件设计

☑ 园林景观提示牌设计

扫码看视频

6.1 房屋构件设计

本节以实例的方式讲解利用 SketchUp 设计建筑构件的方法，例如创建建筑凸窗、花形窗户、小房子等。如图 6-1 和图 6-2 所示为常见的建筑窗户和小房屋效果图。

图 6-1 建筑窗户效果图

图 6-2 小房屋效果图

案例——创建建筑凸窗

本案例主要利用绘图工具创建建筑凸窗，如图 6-3 所示为效果图。

① 单击【矩形】按钮，绘制一个长、宽均为 5 000mm 的矩形，如图 6-4 所示。

② 单击【推/拉】按钮，向里推 500mm，效果如图 6-5 所示。

③ 单击【矩形】按钮，绘制一个长为 2 500mm、宽为 2 000mm 的矩形，如图 6-6 所示。

图 6-3 建筑凸窗效果图

图 6-4 绘制矩形

图 6-5 推出立体效果

图 6-6 绘制矩形

④ 单击【推/拉】按钮，向里推 500mm，如图 6-7 所示。

⑤ 单击【直线】按钮，参考孔洞绘制一个封闭面，单击【推/拉】按钮，向外拉 600mm，如图 6-8 和图 6-9 所示。

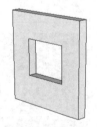

图 6-7 推出孔洞

图 6-8 绘制矩形面

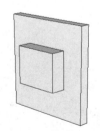

图 6-9 创建推/拉效果

⑥ 利用【矩形】工具 和【推/拉】工具 ，绘制如图 6-10 所示的长方体。

⑦ 选中长方体的所有面，再选择【编辑】|【创建群组】命令，创建群组，以便于进行整体操作，如图 6-11 所示。

⑧ 单击【移动】按钮 ，按住 Ctrl 键不放将长方体群组竖直向下及向上复制，如图 6-12 所示。

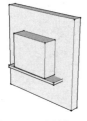
图 6-10 绘制长方体

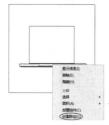
图 6-11 创建群组

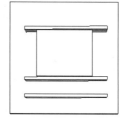
图 6-12 移动并复制群组

⑨ 单击【矩形】按钮 ，在墙面上绘制相互垂直的两个矩形面，如图 6-13～图 6-15 所示。

图 6-13 绘制矩形面 1

图 6-14 绘制矩形面 2

图 6-15 侧面效果

⑩ 单击【推/拉】按钮 ，将矩形面向外拉 25mm，如图 6-16 所示。

⑪ 单击【矩形】按钮 ，在窗体上绘制矩形面，单击【推/拉】按钮 ，将矩形面向外拉，如图 6-17 和图 6-18 所示。

图 6-16 向外拉两个矩形面

图 6-17 绘制矩形面

图 6-18 向外拉矩形面

⑫ 在【材料】面板中，选择合适的玻璃材质进行填充，如图 6-19 和图 6-20 所示。

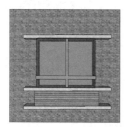
图 6-19 填充材质

图 6-20 背面效果

案例——创建花形窗户

本案例主要利用绘图工具创建花形窗户,如图 6-21 所示为效果图。

图 6-21 花形窗户效果图

① 利用【直线】按钮 和【圆弧】按钮 ,绘制两条长、度各为 200mm 的线段,与半径为 500mm 的圆弧相连,如图 6-22 所示。绘制方法是:先在参考轴的一侧绘制一条直线,然后将其旋转复制到参考轴的另一侧,最后绘制连接弧。

② 依次画出其他相等的三边形状。方法是:利用【旋转】和【移动】工具,先旋转复制,再平移到相应位置,如图 6-23 所示。曲线形成的形状完全封闭后会自动创建一个填充面。

③ 选中面,单击【偏移】按钮 ,向里偏移复制 3 次,偏移距离均为 50mm,如图 6-24 所示。

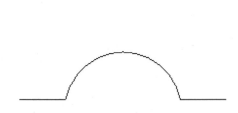
图 6-22 绘制线条

图 6-23 完成封闭面

图 6-24 偏移面

④ 单击【圆】按钮 ,绘制一个半径为 50mm 的圆形面,如图 6-25 所示。

⑤ 单击【偏移】按钮 ,向外偏移复制 15mm,如图 6-26 所示。

⑥ 单击【直线】按钮 ,连接出如图 6-27 所示的形状。

图 6-25 绘制圆形面

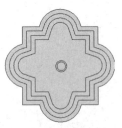
图 6-26 偏移圆形面

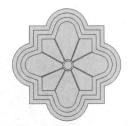
图 6-27 绘制连接直线

⑦ 单击【推/拉】按钮 ,将整个形状向外拉 60mm,结果如图 6-28 所示。接着向里推 60mm,结果如图 6-29 所示。最后,再向里推 30mm,结果如图 6-30 所示。

 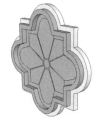 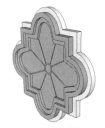

图 6-28　向外拉 60mm　　　图 6-29　向里推 60mm　　　图 6-30　再向里推 30mm

⑧　单击【推/拉】按钮，将圆形面和连接的面分别向外拉 20mm，如图 6-31 所示。填充合适的材质，效果如图 6-32 所示。

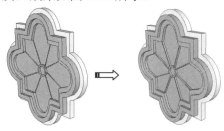 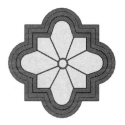

图 6-31　将圆和连接的面分别向外拉 20mm　　　　　图 6-32　最终的效果

案例——创建小房子

本案例主要利用绘图工具创建一个小房子模型，如图 6-33 所示为效果图。

图 6-33　小房子效果图

①　单击【矩形】按钮，绘制一个长为 5 000mm、宽为 6 000mm 的矩形，如图 6-34 所示。
②　单击【推/拉】按钮，将矩形向上拉 3 000mm，如图 6-35 所示。

图 6-34　绘制矩形　　　　　　　　　图 6-35　拉出长方体

③　单击【直线】按钮，在顶面捕捉中点绘制一条中心线，如图 6-36 所示。
④　单击【移动】按钮，将中心线向蓝色轴方向垂直移动，移动距离为 2 500mm，得到的结果如图 6-37 所示。

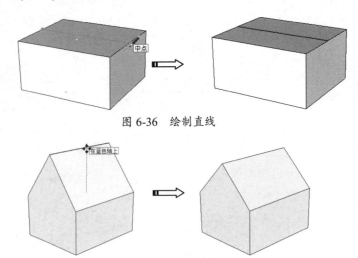

图 6-36 绘制直线

图 6-37 移动直线生成人字形屋顶

⑤ 单击【推/拉】按钮，选中屋顶两面往外拉，距离为 200mm，拉出一定的厚度，如图 6-38 所示。

⑥ 单击【推/拉】按钮，将墙面往里推，距离为 200mm，如图 6-39 所示。

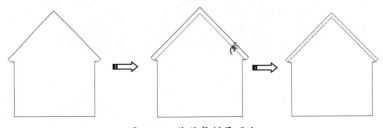

图 6-38 将屋顶拉出厚度　　　　　　　图 6-39 推墙面

⑦ 按住 Ctrl 键选择屋顶两条边，单击【偏移】按钮，向里偏移复制 200mm，如图 6-40 所示。

图 6-40 偏移复制屋顶边

⑧ 单击【推/拉】按钮，将偏移复制的面向外拉，距离为 400mm，如图 6-41 所示。

⑨ 利用同样的方法将另一面进行偏移复制和推/拉，如图 6-42 所示。

图 6-41 向外拉屋顶侧面

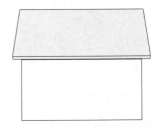

图 6-42 推/拉另一端的屋顶侧面

⑩ 选中房子底部的一条直线,单击鼠标右键,在弹出的快捷菜单中选择【拆分】命令,将直线拆分为 3 段,如图 6-43 所示。

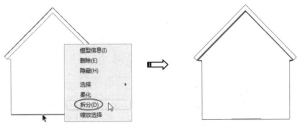

图 6-43 拆分底部边

⑪ 单击【直线】按钮 ✏️,绘制高为 2 500mm 的门,如图 6-44 所示。

⑫ 单击【推/拉】按钮 ⬆️,将门向里推 200mm,然后删除面,即可看到房子内部,如图 6-45 所示。

图 6-44 绘制门   图 6-45 推出门洞

⑬ 单击【圆】按钮 ⬤,画一个圆形面,半径为 600mm,如图 6-46 所示。

⑭ 单击【偏移】按钮,向外偏移复制 50mm,如图 6-47 所示。

⑮ 单击【推/拉】按钮 ⬆️,向外拉 50mm,形成窗框,如图 6-48 所示。

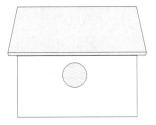 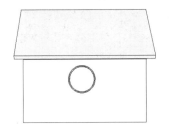 

图 6-46 绘制圆形面   图 6-47 偏移复制圆形面   图 6-48 拉出窗框

⑯ 切换到俯视图。单击【矩形】按钮,绘制一个大的矩形作为地面,如图 6-49 所示。

⑰ 填充合适的材质,并添加一个门组件,如图 6-50 所示。

⑱ 添加人物、植物组件,如图 6-51 所示。

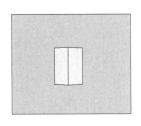  

图 6-49 绘制地面   图 6-50 填充材质并添加门组件   图 6-51 添加人物、植物组件

6.2 园林水景构件设计

本节通过实例讲解使用 SketchUp 设计园林水景构件的方法，包括创建喷水池、花瓣喷泉、石头。如图 6-52 和图 6-53 所示为常见的园林水景效果图。

图 6-52　园林水景一

图 6-53　园林水景二

案例——创建花瓣喷泉

本案例主要利用绘图工具创建一个花瓣喷泉，如图 6-54 所示为效果图。

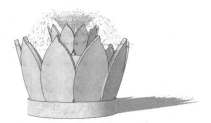
图 6-54　花瓣喷泉效果图

① 分别单击【圆弧】按钮 和【直线】按钮 ，绘制圆弧和直线，绘制花瓣形状，如图 6-55 所示。

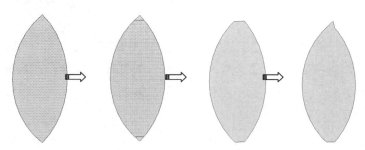
图 6-55　绘制花瓣形状

② 单击【圆】按钮 ，绘制一个圆形面，如图 6-56 所示。然后将花瓣形状移到圆形面上，如图 6-57 所示。
③ 将花瓣形状创建成群组，单击【旋转】按钮 ，旋转一定角度，如图 6-58 所示。
④ 单击【推/拉】按钮 ，推/拉出立体花瓣，如图 6-59 所示。
⑤ 单击【旋转】按钮 ，按住 Ctrl 键不放，沿圆点旋转复制立体花瓣，如图 6-60 和图 6-61

06 建筑构件设计

所示。

图 6-56　绘制圆

图 6-57　移动花瓣形状

图 6-58　旋转群组

图 6-59　推/拉出立体花瓣

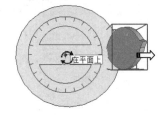
图 6-60　旋转复制立体花瓣

⑥　单击【推/拉】按钮，推/拉圆形面，如图 6-61 所示。再单击【偏移】按钮，偏移复制圆形面，如图 6-62 所示。

⑦　单击【推/拉】按钮，推/拉出圆柱体，如图 6-63 所示。

图 6-61　推/拉圆形面

图 6-62　偏移复制圆形面

图 6-63　推/拉出圆柱体

⑧　单击【偏移】按钮和【推/拉】按钮，将圆柱顶面向下推，推出一个洞口，如图 6-64 所示。

⑨　复制并缩放立体花瓣，单击【移动】按钮，并复制的立体花瓣放在圆柱顶面上，如图 6-65 所示。

⑩　为花瓣喷泉填充材质，再导入水组件，如图 6-66 所示。

图 6-64　创建洞口

图 6-65　复制并缩放立体花瓣

图 6-66　填充材质并导入水组件

案例——创建石头

本案例主要利用绘图工具和插件工具创建石头模型，如图 6-67 所示为石头效果图。

图 6-67　石头效果图

① 单击【矩形】按钮，绘制矩形面，然后单击【推/拉】按钮，推/拉矩形面，如图 6-68 所示。

② 打开细分光滑插件（Subdivide And Smooth），单击【细分光滑】按钮，细分模型，如图 6-69 和图 6-70 所示。

> 💡 提示
>
> Subdivide And Smooth 插件在本例源文件夹 SubdivideAndSmooth v.1.0 中。此插件的安装方法是，复制"SubdivideAndSmooth v.1.0"文件夹中的 Subsmooth 文件夹和 subsmooth_loader.rb 文件，粘贴到 C:\Users\Administrator\AppData\Roaming\SketchUp\SketchUp 2019\SketchUp\Plugins 文件夹中，然后重启 SketchUp。另外，关于插件的应用，笔者向大家推荐一款免费的插件库软件"坯子插件库"，到其官网地址中下载 http://www.piziku.com/pi-zi-cha-jian。安装坯子插件库以后，可以到其官网下载免费的"10014 建筑插件 V2.21"版，此插件可以帮助用户完成建筑模型的创建，比如楼梯、阳台及坡度屋顶等。

图 6-68　绘制矩形面并推/拉

图 6-69　设置细分参数

图 6-70　细分结果

③ 选择【视图】|【隐藏物体】命令，显示虚线，如图 6-71 所示。

④ 单击【移动】按钮，移动节点，做出石头形状，如图 6-72 所示。

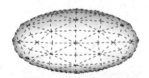

图 6-71　显示虚线

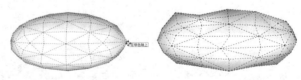

图 6-72　移动节点进行变形

⑤ 取消显示虚线，在【材料】面板中为石头填充材质，如图 6-73 所示。

⑥ 单击【缩放】按钮和【移动】按钮，自由缩放和复制石头，并添加一些植物组件，最终完成效果如图 6-74 所示。

06 建筑构件设计

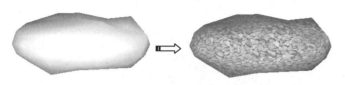
图 6-73 填充材质

图 6-74 最终效果

案例——创建汀步

本案例主要利用绘图工具和插件工具创建水池和草丛中的汀步模型，如图 6-75 所示为汀步效果图。

图 6-75 汀步效果图

① 单击【矩形】按钮，绘制一个长、宽分别为 5 000mm 和 4000mm 的矩形面，如图 6-76 所示。

② 单击【圆】按钮，绘制一个圆形面，如图 6-77 所示。

③ 单击【圆弧】按钮，绘制一段圆弧与圆相接，然后利用【旋转】工具进行旋转复制，旋转角度为 45°，旋转复制 7 次，结果如图 6-78 所示。

图 6-76 绘制矩形面

图 6-77 绘制圆形面

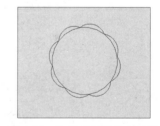
图 6-78 绘制并旋转复制圆弧

④ 单击【擦除】按钮，将多余的线条擦掉，形成花形水池面，如图 6-79 所示。

⑤ 单击【偏移】按钮，将花形水池面向里偏移一定距离，并且单击【推/拉】按钮，分别向上拉 100mm 和向下推 200mm，如图 6-80 和图 6-81 所示。

图 6-79 擦除多余线

图 6-80 偏移曲线

图 6-81 推/拉出立体效果

⑥ 在【材料】面板中为水池底面填充石子材质，如图 6-82 所示。

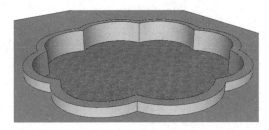

图 6-82　填充材质

⑦ 单击【移动】按钮✥，按 Ctrl 键将石子面向上复制，并填充水纹材质，如图 6-83 所示。
⑧ 单击【手绘线】按钮∿，任意在水池面和地面绘制曲线面，如图 6-84 所示。

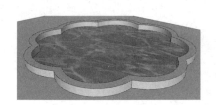

图 6-83　填充水纹材质

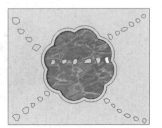

图 6-84　绘制多块封闭曲线

⑨ 单击【推/拉】按钮♣，将水池中的面分别向上和向下推/拉，如图 6-85 所示。
⑩ 继续单击【推/拉】按钮♣，推/拉地面上的面，如图 6-86 所示。

图 6-85　推/拉出水体中的汀步

图 6-86　推/拉地面上的汀步

⑪ 为水池、地面和汀步填充材质，如图 6-87 和图 6-88 所示。

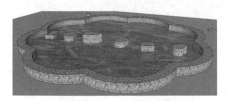

图 6-87　为水池填充材质

图 6-88　为地面及汀步填充材质

⑫ 在汀步的周围添加植物、花草和人物组件，如图 6-89 所示。

图 6-89　最终的效果

6.3 植物造景构件设计

本节以实例的方式讲解利用 SketchUp 设计园林植物造景构件的方法,包括创建二维仿真树木组件、创建树池坐凳和创建花架。如图 6-90 所示为常见的园林植物造景效果。

图 6-90　园林植物造景效果

案例——创建二维仿真树木组件

本案例将利用一张植物图片制作二维仿真树木组件,如图 6-91 所示为效果图。

图 6-91　二维仿真树木组件效果图

① 启动 Photoshop 软件,打开植物图片,如图 6-92 所示。

② 双击图层进行解锁。选择【魔术棒】工具,将白色背景删除,如图 6-93 和图 6-94 所示。

图 6-92　打开植物图片　　　　图 6-93　解锁图层　　　　图 6-94　删除白色背景

③ 选择【文件】|【存储】命令,在【格式】下拉列表中选择 PNG 格式,如图 6-95 所示。

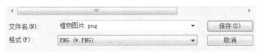

图 6-95　保存植物图像文件

④ 在 SketchUp 中选择【文件】|【导入】命令,在【文件类型】下拉列表中选择 PNG 格式,如图 6-96 所示。

> **提示**
>
> PNG 格式可以存储透明背景的图片，而 JPG 格式不能存储透明背景的图片。在将图片导入 SketchUp 中时，PNG 格式非常方便。

⑤ 在导入 SetchUp 的图片上单击鼠标右键，在弹出的快捷菜单中选择【分解】命令，将图片炸开，如图 6-97 所示。

图 6-96　导入植物图像文件　　　　　　图 6-97　分解图片

⑥ 选中线条，单击鼠标右键，在弹出的快捷菜单中选择【隐藏】命令，将线条全部隐藏，如图 6-98 所示。

图 6-98　将图片框线条隐藏

⑦ 选中图片，以长方形面的形式显示，单击【手绘线】按钮 ，绘制出植物的大致轮廓，如图 6-99 和图 6-100 所示。

⑧ 将多余的面删除，再次将线条隐藏，如图 6-101 和图 6-102 所示。

图 6-99　显示背景面　　图 6-100　手绘树轮廓　　图 6-101　删除背景面　　图 6-102　隐藏手绘线

> **提示**
>
> 绘制植物轮廓主要是为了使阴影呈树状显示，如果不绘制轮廓，则阴影只会以长方形显示。边线只能隐藏而不能删除，否则会将整个图片删掉。

⑨ 选中图片，单击鼠标右键，在弹出的快捷菜单中选择【创建组件】命令，如图 6-103 所示。

⑩ 复制多个植物组件。开启阴影效果，最终完成的效果如图 6-104 所示。

06　建筑构件设计

图 6-103　创建组件

图 6-104　最终完成的效果

案例——创建树池坐凳

树池是种植树木的植槽，树池处理得当，不仅有助于树木生长、美化环境，还能满足行人的需求。夏天人们可以在树下乘凉，冬天坐在木质的坐凳上也不会让人感觉冷。如图 6-105 所示为本案例效果图。

图 6-105　树池坐凳效果图

① 单击【矩形】按钮，绘制一个长、宽均为 5 000mm 的矩形面，如图 6-106 所示。

② 单击【推/拉】按钮，将矩形面向上拉 1 000mm，如图 6-107 所示。

图 6-106　绘制矩形面

图 6-107　推/拉矩形面

③ 继续单击【矩形】按钮，在上一步推/拉出的长方体 4 个面绘制几个相同的矩形面，如图 6-108 所示。

图 6-108　绘制多个矩形面

> 提示
> 在绘制矩形面时，为了精确绘制，可以采用辅助线进行测量再绘制。

④ 单击【推/拉】按钮，将中间的矩形面分别向里推 600mm，并依次推/拉其他面，如图 6-109 所示。

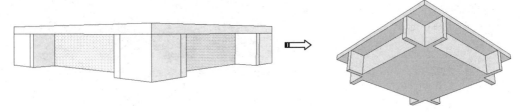

图 6-109 推/拉矩形面

⑤ 单击【偏移】按钮 ，将顶部面向里偏移复制 1 000mm。再单击【推/拉】按钮 ，将偏移复制的面向上拉 600mm，如图 6-110 和图 6-111 所示。

图 6-110 偏移顶部 dm　　　　　　　图 6-111 推/拉偏移面

⑥ 继续单击【偏移】按钮 ，将上一步完成的顶面分别向里偏移复制 150mm、300mm。再单击【推/拉】按钮 ，分别将面向下推 250mm、400mm，如图 6-112 和图 6-113 所示。

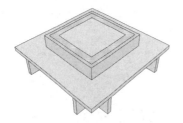 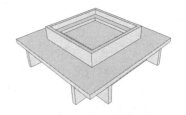

图 6-112 继续创建偏移面　　　　　图 6-113 分别将面向下推 250mm、400mm

⑦ 在【材料】面板中，给树池坐凳填充相应的材质，并为其导入一个植物组件，如图 6-114 和图 6-115 所示。

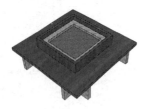 

图 6-114 填充材质　　　　　　　　图 6-115 导入植物组件

案例——创建花架

本案例主要利用绘图工具创建一个花架，如图 6-116 所示为花架效果图。

06　建筑构件设计

图 6-116　花架效果图

1. 设计花墩

① 单击【矩形】按钮▢，绘制一个边长为 2 000mm 的正方形面，如图 6-117 所示。

② 单击【推/拉】按钮⬆，将正方形面拉高 3 000mm，如图 6-118 所示。

图 6-117　绘制正方形面　　　　　　　　图 6-118　将正方形面拉高

③ 单击【偏移】按钮⟲，将顶面向外偏移复制 400mm，然后单击【推/拉】按钮⬆，将顶面向上拉 500mm，如图 6-119 和图 6-120 所示。

④ 单击【擦除】按钮⌫，擦除多余的线条，如图 6-121 所示。

图 6-119　创建偏移面　　　　图 6-120　推/拉偏移面　　　　图 6-121　擦除多余的线条

⑤ 单击【偏移】按钮⟲，将面向里偏移复制 400mm，然后单击【推/拉】按钮，将面向上拉 500mm，如图 6-122 和图 6-123 所示。

⑥ 重复上一步操作，这次拉高距离为 300mm，如图 6-124 所示。

图 6-122　将面向里偏移 400mm　　图 6-123　将偏移面向上拉 500mm　　图 6-124　重复偏移及推/拉操作

⑦ 单击【圆弧】按钮◠，绘制与正方形相切的倒角形状，如图 6-125 所示。

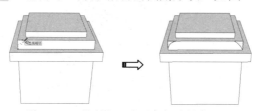

图 6-125　绘制与正方形相切的倒角形状

⑧ 选择圆弧面，单击【跟随路径】按钮，按住 Alt 键不放，对着倒角将正方形面进行变形，即可完成倒角操作，如图 6-126 所示。

⑨ 单击【圆弧】按钮，在正方形面上绘制一个长为 600mm、向外凸出 300mm 的 4 个圆弧组成的花瓣形状，如图 6-127 所示。

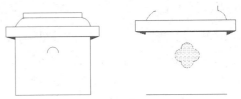

图 6-126　创建跟随路径　　　　　　　　图 6-127　绘制花瓣形状

⑩ 单击【偏移】按钮，将花瓣形状向外偏移复制 100mm，然后单击【推/拉】按钮，将面向外拉 100mm，如图 6-128 和图 6-129 所示。

图 6-128　将花瓣形状向外偏移　　　　　图 6-129　将面向外拉

2. 设计花柱

① 单击【矩形】按钮，在顶部正方形面上先绘制 4 个正方形，再分别在 4 个正方形里绘制小正方形，如图 6-130 和图 6-131 所示。

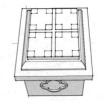

图 6-130　绘制 4 个正方形　　　　　　　图 6-131　绘制小正方形

② 单击【推/拉】按钮，将 4 个正方形面向上拉 12 000mm，如图 6-132 所示。

③ 单击【矩形】按钮，在花柱上绘制一个矩形面，如图 6-133 所示。

④ 单击【推/拉】按钮，将矩形面向上拉 300mm，如图 6-134 所示。

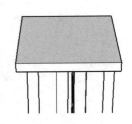

图 6-132　将 4 个正方形面向上拉　　图 6-133　在顶部绘制矩形面　　图 6-134　将矩形面向上拉

⑤ 单击【偏移】按钮，将矩形面向外偏移复制 500mm，再单击【推/拉】按钮，将矩形面向上拉 300mm，如图 6-135 和图 6-136 所示。

⑥ 选中花柱模型，选择【编辑】|【创建群组】命令，创建一个群组，如图 6-137 所示。

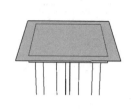
图 6-135　创建偏移面

图 6-136　推/拉偏移面

图 6-137　创建群组

3. 设计花托

① 单击【直线】按钮，绘制两条长度均为 5 000mm 的直线，如图 6-138 所示。单击【圆弧】按钮，连接两条直线，如图 6-139 所示。

图 6-138　绘制直线

图 6-139　绘制圆弧

② 单击【推/拉】按钮，将面拉出一定高度，如图 6-140 所示。将推/拉后的模型移到花柱上，图 6-141 所示。

图 6-140　将面拉出高度

图 6-141　平移对象

③ 选中模型，单击【缩放】按钮，对它进行拉伸变形，如图 6-142 所示。

④ 单击【移动】按钮，复制两个模型，放在适应的位置上，如图 6-143 所示。

图 6-142　缩放对象

图 6-143　平移复制对象

⑤ 将整个模型选中，创建群组，花托效果如图 6-144 所示。

⑥ 单击【移动】按钮，沿水平方向复制两个模型，摆放到相应位置，如图 6-145 所示。

 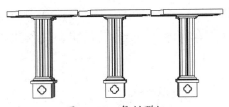

图 6-144 创建群组　　　　　　　图 6-145 复制群组

⑦ 选择一种合适的材质进行填充，如图 6-146 所示。

⑧ 导入一些花篮和椅子组件，最终效果如图 6-147 所示。

 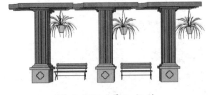

图 6-146 填充材质　　　　　　　图 6-147 导入组件

6.4 园林设施构件设计

本节通过实例介绍利用 SketchUp 设计景观服务设施小品构件的方法，包括创建石桌、创建栅栏。如图 6-148 所示为常见的景观设施小品的效果图。

图 6-148 景观设施小品的效果图

案例——创建石桌

本案例主要利用绘图工具制作公园里的石桌模型，如图 6-149 所示为效果图。

图 6-149 石桌效果图

① 单击【圆】按钮●，绘制一个半径为 500mm 的圆形面，如图 6-150 所示。
② 单击【推/拉】按钮，将圆形面向上拉 300mm，如图 6-151 所示。

图 6-150　绘制圆形面

图 6-151　将圆形面向上拉

③ 单击【偏移】按钮，将圆形面向内偏移复制 250mm，如图 6-152 所示。
④ 单击【推/拉】按钮，将圆形面向下推 250mm，如图 6-153 所示。

图 6-152　偏移圆形面

图 6-153　将圆形面向下推

⑤ 单击【偏移】按钮，将圆形面向内偏移复制出一个小圆形面，单击【推/拉】按钮，将小圆形面向下推出 200mm，完成石桌的创建，如图 6-154 所示。
⑥ 单击【圆】按钮●，绘制一个半径为 150mm 的圆形面，单击【推/拉】按钮，将圆形面拉出 300mm，得到石凳，如图 6-155 所示。
⑦ 分别选中石桌和石凳，单击鼠标右键，在弹出的快捷菜单中选择【创建群组】命令，如图 6-156 所示。

图 6-154　偏移小圆形面并向下推

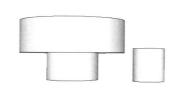
图 6-155　创建石凳

图 6-156　创建群组

⑧ 单击【移动】按钮，按住 Ctrl 键不放，再复制 3 个石凳，如图 6-157 所示。

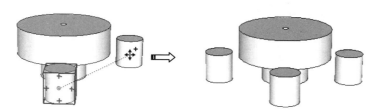
图 6-157　复制石凳

⑨ 选择一种合适的材质进行填充，如图 6-158 所示。
⑩ 导入一把遮阳伞组件，最终效果如图 6-159 所示。

图 6-158 填充材质

图 6-159 导入遮阳伞组件

案例——创建栅栏

本案例主要利用绘图工具制作一个栅栏，如图 6-160 所示为栅栏效果图。

图 6-160 栅栏效果图

① 单击【矩形】按钮，绘制一个长和宽均为 300mm 的矩形面，如图 6-161 所示。
② 单击【推/拉】按钮，将矩形面向上拉 1 200mm，创建立柱，如图 6-162 所示。
③ 单击【偏移】按钮，将矩形面向外偏移复制 40mm，如图 6-163 所示。

图 6-161 绘制矩形面

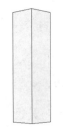
图 6-162 将矩形面向上拉

图 6-163 创建偏移面

④ 单击【推/拉】按钮，将偏移面向下推 200mm，如图 6-164 所示。
⑤ 单击【推/拉】按钮，将矩形面向上拉 50mm，如图 6-165 所示。
⑥ 单击【缩放】按钮，对推/拉部分进行缩小，如图 6-166 所示。

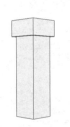
图 6-164 推/拉偏移面

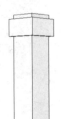
图 6-165 推/拉立柱面

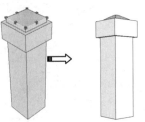
图 6-166 缩放立柱顶面

⑦ 选中模型，选择【编辑】|【创建群组】命令，创建一个群组，如图 6-167 所示。
⑧ 单击【矩形】按钮 ，绘制一个长为 2 000mm、宽为 200mm 的矩形面，然后单击【推/拉】按钮 ，将矩形面向上拉 150mm，如图 6-168 所示。

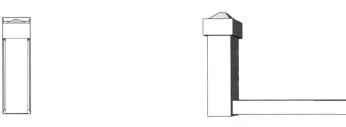

图 6-167　创建群组　　　　　　　　图 6-168　将矩形面向上拉

⑨ 创建一个球体并放于石柱上，如图 6-169 所示。
⑩ 单击【移动】按钮 ，复制出另一根石柱，如图 6-170 所示。

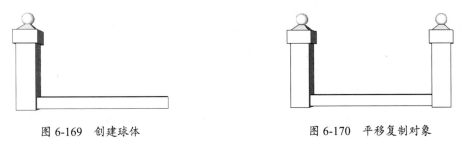

图 6-169　创建球体　　　　　　　　图 6-170　平移复制对象

⑪ 单击【矩形】按钮 ，绘制一个矩形面，单击【推/拉】按钮 ，向上推/拉一定距离，如图 6-171 所示。

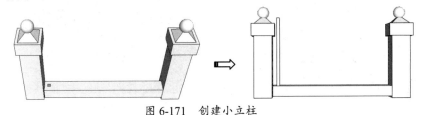

图 6-171　创建小立柱

⑫ 选择【编辑】|【创建群组】命令，创建一个群组，如图 6-172 所示。
⑬ 利用同样的方法绘制另一个长方体，如图 6-173 所示。

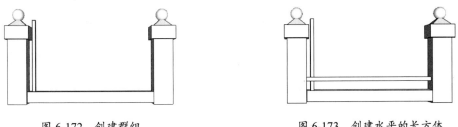

图 6-172　创建群组　　　　　　　　图 6-173　创建水平的长方体

⑭ 单击【移动】按钮 ，按住 Ctrl 键不放，先将水平放置的长方体进行复制，如图 6-174 所示。然后将小立柱向右等距复制，如图 6-175 所示。

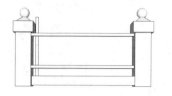
图 6-174　将水平放置的长方体向上复制

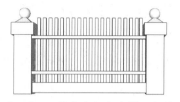
图 6-175　将小立柱向右等距复制

⑮ 为模型填充合适的材质，最终效果如图 6-176 所示。

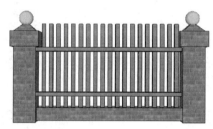
图 6-176　最终效果

6.5　园林景观提示牌设计

本节通过实例介绍利用 SketchUp 设计园林景观提示牌的方法，包括创建温馨提示牌、创建景点介绍牌。如图 6-177 所示为常见的园林景观提示牌效果图。

图 6-177　园林景观提示牌效果图

案例——创建温馨提示牌

本案例主要利用绘图工具来创建温馨提示牌模型，如图 6-178 所示为效果图。

① 单击【圆弧】按钮 ，绘制两段圆弧并连接，如图 6-179 所示。

图 6-178　温馨提示牌效果图

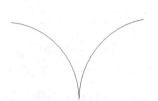
图 6-179　绘制两段圆弧并连接

② 继续单击【圆弧】按钮 ⌒，绘制两段圆弧并连接，再单击【直线】按钮 ✎，将它们连接成面，如图 6-180 所示。

③ 单击【矩形】按钮 ▣，在下方绘制一个矩形面，如图 6-181 所示。

图 6-180　封闭面　　　　　　　　图 6-181　绘制矩形面

④ 单击【圆弧】按钮 ⌒，绘制圆弧并连接，形成心形，如图 6-182 所示。

图 6-182　绘制心形

⑤ 选中形状，单击鼠标右键，在弹出的快捷菜单中选择【创建组件】命令，创建成群组，如图 6-183 所示。

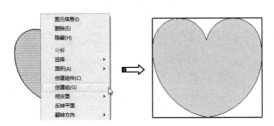

图 6-183　创建群组

⑥ 单击【旋转】按钮 ↻，按住 Ctrl 键不放，沿中点进行旋转复制，旋转角度为 60°，效果如图 6-184 所示。

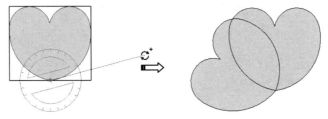

图 6-184　旋转复制心形

⑦ 选中第二个复制对象，沿中点继续旋转复制其他几个形状，如图 6-185 所示。

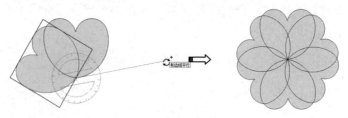

图 6-185　继续复制出其他心形

⑧ 选中形状，单击鼠标右键，在弹出的快捷菜单中选择【分解】命令，将形状进行分解，如图 6-186 所示。

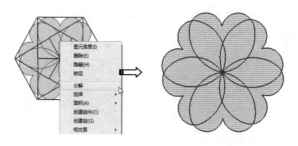

图 6-186　分解形状

⑨ 单击【擦除】按钮 ，将多余的线条擦掉，形成一朵花的形状，如图 6-187 所示。

⑩ 单击【圆】按钮 ，绘制两个圆形面。单击【圆弧】按钮 ，绘制两段圆弧并连接，如图 6-188 所示。

图 6-187　擦除多余的线

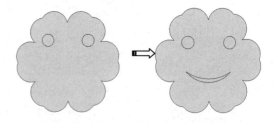

图 6-188　绘制内部形状

⑪ 将两个形状分别创建成群组，并进行组合，如图 6-189 所示。

⑫ 单击【推/拉】按钮 ，对形状进行推/拉，如图 6-190 所示。

图 6-189　创建群组

图 6-190　推/拉群组

⑬ 单击【三维文字】按钮 ，添加三维文字，如图 6-191 所示。

⑭ 为创建好的模型填充合适的材质，如图 6-192 所示。

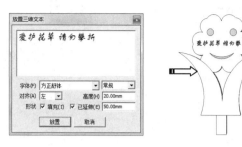

图 6-191　创建三维文字　　　　　　　　图 6-192　最终效果

案例——创建景点介绍牌

本案例主要利用绘图工具来创建景点介绍牌模型，如图 6-193 所示为景点介绍牌效果图。

图 6-193　景点介绍牌效果图

① 单击【矩形】按钮，绘制 3 个长、宽均为 300mm 的矩形面，如图 6-194 所示。
② 单击【推/拉】按钮，将矩形面分别向上推/拉 3 500mm，如图 6-195 所示。

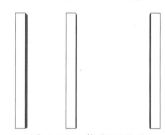

图 6-194　绘制 3 个矩形面　　　　　　　图 6-195　推/拉矩形面

③ 单击【偏移】按钮，将第 3 个矩形面向里偏移复制 30mm。单击【推/拉】按钮，将偏移面向上拉 30mm，如图 6-196 和图 6-197 所示。

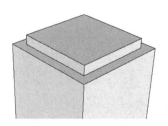

图 6-196　创建偏移面　　　　　　　　　图 6-197　推/拉偏移面

④ 单击【偏移】按钮,将面向外偏移复制 50mm。单击【推/拉】按钮,将两个面向上推/拉 200mm,如图 6-198 和图 6-199 所示。

⑤ 单击【擦除】按钮,将多余的线条擦掉,如图 6-200 所示。

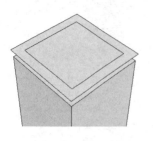
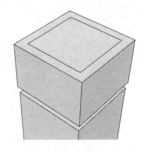
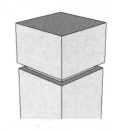

图 6-198 再创建偏移面　　图 6-199 推/拉面　　图 6-200 擦除多余的线条

⑥ 将 3 个长方体柱子分别创建群组,如图 6-201 所示。

⑦ 单击【矩形】按钮,绘制 3 个矩形面。单击【推/拉】按钮,将矩形面向右推/拉一定距离,如图 6-202 和图 6-203 所示。

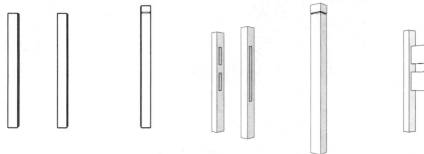
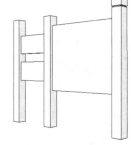

图 6-201 创建 3 个群组　　图 6-202 绘制矩形面　　图 6-203 推/拉矩形面

⑧ 单击【矩形】按钮,继续绘制矩形面。单击【推/拉】按钮,将矩形面推/拉出效果,如图 6-204 和图 6-205 所示。

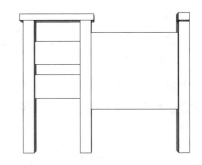

图 6-204 绘制矩形面　　　　　　图 6-205 推/拉矩形面

⑨ 单击【多边形】按钮,绘制三角形。单击【推/拉】按钮,将三角形进行推/拉,如图 6-206 所示。

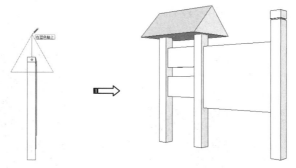

图 6-206 绘制三角形并进行推/拉

⑩ 单击【直线】按钮✏️，在顶面绘制直线。单击【推/拉】按钮♦，将分割的面分别向上拉 20mm，如图 6-207 和图 6-208 所示。

图 6-207 绘制直线分割面　　　　　图 6-208 推/拉分割的面

⑪ 单击【移动】按钮✣，复制顶面，然后进行缩放操作，结果如图 6-209 所示。

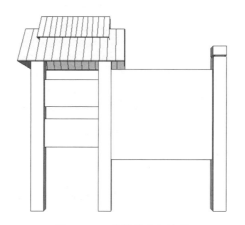

图 6-209 复制并进行缩放

⑫ 单击【三维文字】，添加三维文字，如图 6-210 所示。

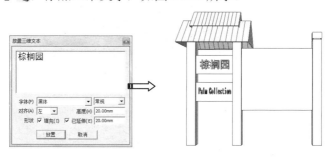

图 6-210 创建三维文字

⑬ 添加文字图片材质贴图，如图 6-211 所示。之后完善其他地方的材质，最终效果如图 6-212 所示。

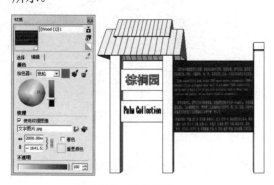

图 6-211 添加材质   图 6-212 最终效果

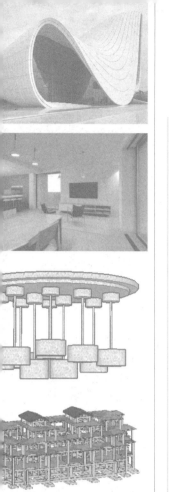

07

SketchUp 之
BIM 建筑结构设计

本章将讲解如何利用 SketchUp 的高级插件——SUAPP 来进行 BIM 建筑设计。SketchUp 只是一个基本建模工具，要想作为建模的高级软件使用还得有大量的插件辅助。

项目分解

☑ SketchUp 扩展插件的应用

☑ SUAPP 建筑结构设计案例

扫码看视频

7.1 SketchUp 扩展插件的应用

通常，SketchUp 自带的功能只能做一些比较简单的造型或房屋建筑设计，有些造型即使能够做出来也要花费大量的时间，更不用说一些复杂的产品及建筑造型。如图 7-1 所示为使用 SketchUp 自身的功能建模困难的造型。

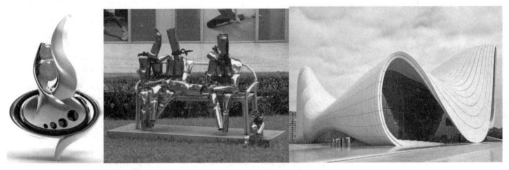

图 7-1 使用 SketchUp 自身功能建模困难的造型

诸如图 7-1 中的这些创意造型，必须借助 SketchUp 的扩展插件才能够轻松完成，否则过程十分烦琐。扩展插件是 SketchUp 软件商或第三方插件开发者根据设计师的建模习惯、工作效率及行业设计标准进行开发的扩展程序。这些扩展插件程序有些功能十分强大，有些功能可能比较单一。

下面介绍几种使用或购买插件的方法。

7.1.1 到扩展应用商店下载插件

首先来看安装 SketchUp 2018 后的扩展程序有哪些，在菜单栏中执行【窗口】|【扩展程序管理器】命令，打开【扩展程序管理器】对话框。此对话框中列出了 SketchUp 软件自带的插件，如图 7-2 所示。

图 7-2 SketchUp 自带的插件

如果用户购买了非官方提供的扩展插件,则可以单击【安装扩展程序】按钮,将*.rbz 格式的文件打开,然后就可以使用插件功能了。

如果需要使用官方扩展程序商店的插件,则可以在菜单栏中执行【窗口】|【Extension Warehouse】命令,打开【Extension Warehouse】对话框,里面列出了所有行业可用的扩展插件,如图 7-3 所示。

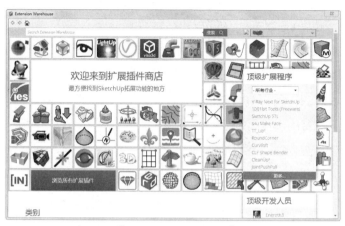

图 7-3 【Extension Warehouse】对话框

单击【浏览所有扩展插件】按钮,打开插件浏览对话框,用户可以选择软件版本所对应的扩展插件,如图 7-4 所示。扩展程序商店的插件全是英文版本的,并且有一定的试用期限,这对一些英语水平不太好的用户来讲,使用起来确实较为困难,而且这些插件都没有进行集成与优化,因此推荐大家使用国内插件爱好者汉化后的 SketchUp 插件。

图 7-4 浏览所有插件

7.1.2 SUAPP 建筑设计插件库

目前,国内许多 SketchUp 学习论坛都会向设计师推出一些汉化插件,有免费的也有收费的，收费的汉化插件全都做了界面优化，比较出名的有"坯子库"论坛（http://www.piziku.com）、SketchUp 吧（http://www.suapp.me）、紫天 SketchUp 插件等。其中，坯子库插件多数是免费的，但比较零散，没有集成优化，不太方便初学者使用。而 SketchUp 吧的 SUAPP 插件与紫天中文网的 RBC_Library（RBC 扩展库）是收费的，由于 SketchUp 吧的 SUAPP 插件是最为知名的插件，同时也便于教学，所以本章及后续章节中所使用的插件均来自 SketchUp 吧。

> **提示**
> SUAPP 插件有百余项插件功能是可以免费使用的，只是建模功能不太完整。在安装时只需设置为"离线"模式便可。

打开 SketchUp 吧官方网站购买 SUAPP Pro 3.32 插件使用权限后进行插件安装，安装成功后会在 SketchUp 工具栏中显示 SUAPP 3 基本工具栏，如图 7-5 所示。

图 7-5　SUAPP 3 基本工具栏

SUAPP 插件库的下载网址为 http://www.suapp.me。根据行业需求，在插件库网页窗口中的【插件分类】下拉列表中选择插件分类，比如用于 BIM 建筑设计的插件，可以在【轴网墙体】、【门窗构件】、【建筑设施】、【房间屋顶】、【文字标注】、【线面工具】及【三维体量】等分类中去下载相关的扩展插件，如图 7-6 所示。

图 7-6　SUAPP 插件库下载界面

下面以下载一个插件为例，介绍插件的下载及安装流程。

① 在【SUAPP 3 基本工具栏】中单击【安装管理插件】按钮，即可进入官网下载插件。

② 在【轴网墙体】分类中找到【画点工具】插件，单击此插件右侧的【安装】按钮，如图 7-7 所示。

07　SketchUp 之 BIM 建筑结构设计

图 7-7　选择合适的插件

③ 随后弹出【添加我使用的插件】对话框。为插件选择一个分组（也可保持默认选择），再单击【确定安装】按钮，会自动下载该插件并将该插件安装在【SUAPP Pro 3.32（64bit）】的面板中，如图 7-8 所示。

图 7-8　下载插件

④ 同理，将其他所需的插件一一安装在默认所属的分组中。要想在 SketchUp 中使用这些插件，必须在【SUAPP 3 基本工具栏】中单击【SUAPP 面板】按钮 。如图 7-9 所示为安装了所需的插件后【SUAPP Pro 3.32（64bit）】面板的状态。

⑤ 如果需要删除【SUAPP Pro 3.32（64bit）】面板中某些不常用的插件，可在插件官网页面中进入【我的插件库】，然后选择要删除的插件，单击【删除】按钮即可，如图 7-10 所示。

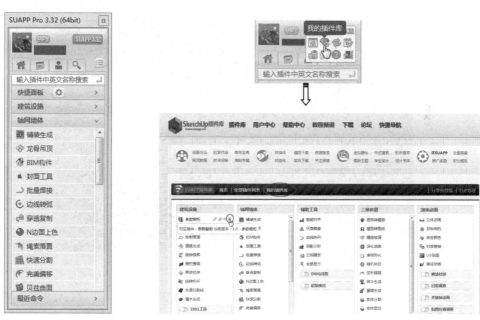

图 7-9　【SUAPP Pro 3.32（64bit）】　　　　图 7-10　删除插件
　　　　插件面板

⑥ 在菜单栏中执行【扩展程序】|【SUAPP 设置】命令，用户可自定义 3 种布局：工具栏布局、融合布局和侧边布局。如图 7-11 所示为【融合布局】界面。

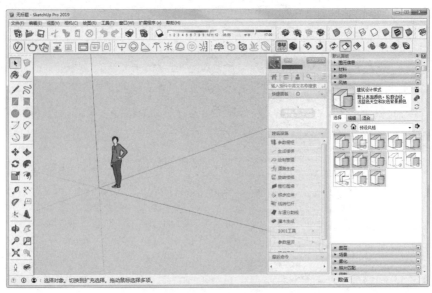

图 7-11 【融合布局】界面

7.2 SUAPP 建筑结构设计案例

前面介绍了 SUAPP 插件库的安装与界面布局设置，接下来利用 SUAPP 插件库中的 BIM 建筑插件进行办公楼的结构设计。如图 7-12 所示为创建的办公楼结构模型。

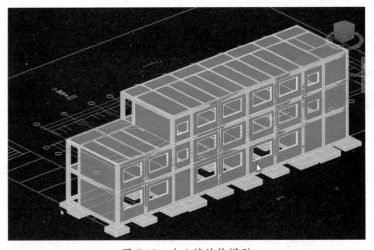

图 7-12 办公楼结构模型

7.2.1 轴网设计

由于本案例会多次用到 BIM 建模工具，所以特将 SUAPP 插件库中【轴网墙体】类型下的【BIM 建模】组单独成立一个应用类型，也就是重新创建一个分类，以便于迅速找到 BIM 建模工具，如图 7-13 所示。

07 SketchUp 之 BIM 建筑结构设计

> **提示**
> 先到【我的插件库】网页端删除【BIM 建模】组，然后重新到插件库页面下载及安装此插件组，如图 7-14 所示。

图 7-13 重新安装 BIM 建模插件组

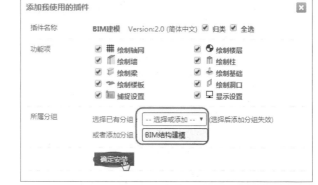

图 7-14 安装方法

在使用 BIM 建模工具进行建筑结构设计的流程中，首先要建立轴网。

① 在菜单栏中执行【文件】|【导入】命令，从本案例 "\源文件\Ch07\结构图纸" 源文件夹中导入 "基础平面布置图.dwg" 图纸，如图 7-15 所示。

> **提示**
> 在建模时，最好通过 AutoCAD 软件打开相关的图纸，可以参考图纸中的尺寸进行建模，在 SketchUp 中导入图纸是不显示尺寸的。

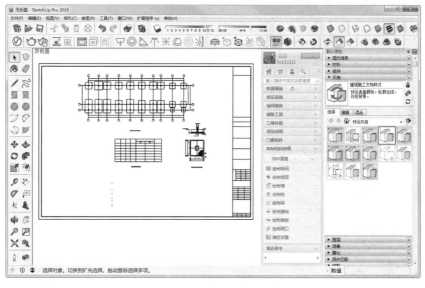

图 7-15 导入基础平面布置图

② 在菜单栏中执行【相机】|【平行投影】命令，切换至平行视图模式。

③ 利用【移动】命令 ❖，以图纸轴网中左下角的轴线交点作为移动起点，将图纸移动到坐标原点，如图 7-16 所示。

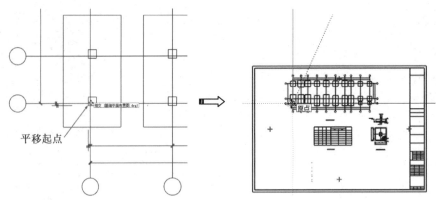

图 7-16 平移图纸

④ 在 SUAPP 插件库面板中，在【BIM 结构建模】分类下的【BIM 建模】组中单击【绘制轴网】按钮，弹出【绘制轴网】对话框。参考 AutoCAD 软件中的"基础平面布置图.dwg"图纸尺寸，在如图 7-17 所示的对话框中输入水平轴线"1@2.1m,7.2m"，在【垂直轴线】文本框中输入"1@4m,3.3m,4.5m,4.5m,4.5m,4.5m,3m,4.5m,4.5m"。

> **提示**
> 水平轴线表示轴网中字母编号的轴线，垂直轴线为数字编号的轴线。"1@2.1m,7.2m"的意思是：数字"1"表示第一个轴线间距的副本数，1 表示保持原有轴线，如果改成 2，那么在原有轴线的前面会增加 1 条轴线（轴线间距也是 2.1m），所有只写 1 即可；"@"表示相对坐标输入；"2.1m"表示第一条水平轴线与第二条水平轴线之间的间距为 2.1m；"7.2m"表示第二条轴线与第三条轴线之间的间距为 7.2m，轴线之间的间距值必须用英文输入法的逗号","隔开。【垂直轴线】文本框中的数字意义与此相同。

⑤ 在大工具栏中单击【尺寸】按钮，标注轴线，如图 7-18 所示。标注轴线时暂时将导入的图纸移开。

图 7-17 设置轴网参数

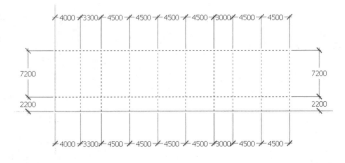

图 7-18 标注轴线

> **注意**
> 尺寸标注默认为是带单位（m）的，若不想带单位，可以在菜单栏中执行【窗口】|【模型信息】命令，在弹出的【模型信息】对话框中取消选择【显示单位格式】复选框。

7.2.2 地下层基础与结构柱设计

本案例建筑的基础尺寸可按照基础平面布置图中的"基础配筋表"来确定。基础为独立基础，并且形状及尺寸各一，但为了简化建模，这里可将所有基础的高度（H）值统一为600mm。将基础底的标高设置为-720mm（基础顶的标高为-120mm）。要参考的基础平面布置图如图7-19所示。

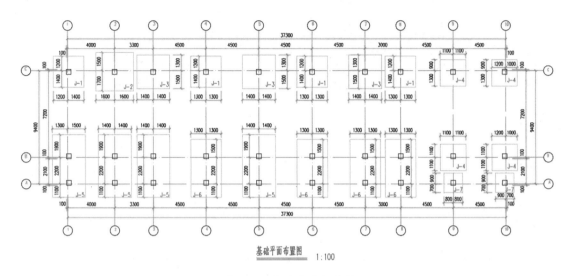

图7-19 基础平面布置图

① 创建基础标高。在【BIM建模】组中单击【绘制楼层】按钮，在弹出的【绘制楼层】对话框中设置【标高】值为"3 600"，单击【确定】按钮完成标高的设置，如图7-20所示。

> **提示**
> 楼层标高可以参考本案例源文件夹中"教学楼（建筑、结构施工图）.dwg"图纸里面的立面图。BIM结构建模插件的标高目前不能创建出0标高或负标高，所以只能先创建出一层的标高，待创建基础后，将所有基础的模型向下移动即可。

② 在【视图】工具栏中单击【俯视图】按钮，切换到俯视图。单击【绘制基础】按钮，弹出【绘制基础】对话框。创建J-1编号的基础，输入基础参数后单击【确定】按钮，如图7-21所示。

图7-20 创建标高

图7-21 创建J-1编号的基础

③ 参考基础平面布置图，将基础模型放置在视图中，如图7-22所示。

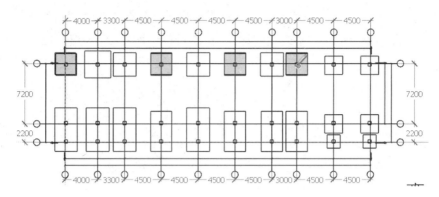

图 7-22 放置基础模型

④ 同理,陆续将 J-2(3 200mm×3 200mm×600mm)、J-3(2 800mm×2 800mm×600mm)、J-4(2 200mm×2 200mm×600mm)、J-5(5 200mm×2 800mm×600mm)、J-6(4 800mm×2 600mm×600mm)和 J-7(1 600mm×1 600mm×600mm)等基础模型放置在视图中,完成结果如图 7-23 所示。

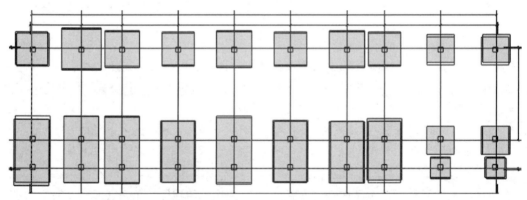

图 7-23 放置其余基础模型

⑤ 通过使用【平移】命令,将视图中的基础模型对齐导入图纸中的基础线,如图 7-24 所示。

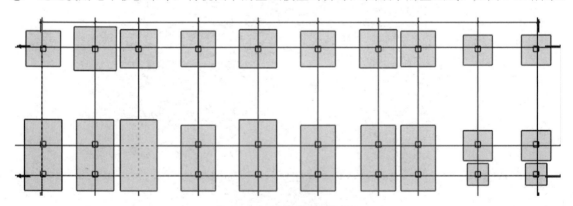

图 7-24 对齐基础模型与图纸

⑥ 创建结构柱。地下层结构柱的尺寸可参考结构图纸文件夹中的"一层柱配筋平面布置图.dwg"。所有结构柱的形状及尺寸都是相同的,所以仅创建一根结构柱,然后复制出其他结构柱即可。在【BIM 建模】组中单击【绘制柱】按钮,弹出【绘制柱】对话框。选

择【混凝土】材料和【矩形】类型，设置宽度与长度均为 400mm，如图 7-25 所示。

⑦ 在俯视图中放置结构柱，如图 7-26 所示。柱子的默认高度为楼层标高高度，由于放置柱子时参考柱顶部，而且参考了导入图纸，所以放置的结构柱全部在图纸下。

 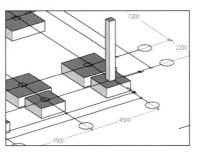

图 7-25　设置结构柱参数　　　　图 7-26　放置结构柱

⑧ 切换到前视图。通过【移动】命令，将所有独立基础模型向下平移 1 200mm，如图 7-27 所示。

图 7-27　向下平移独立基础模型

⑨ 旋转视图，放大显示结构柱底部。在 SUAPP 插件库面板中，在【辅助工具】分类下的【超级推/拉】组中单击【加厚推/拉】按钮，然后选取柱子底部面，向下推出 1 200mm 的长度，连接到基础上，如图 7-28 所示。

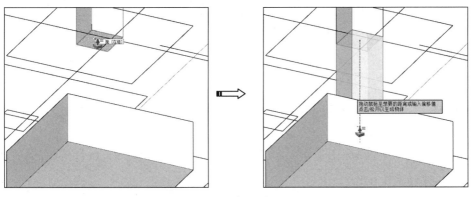

图 7-28　推/拉柱子

⑩ 利用【移动】工具，按住 Ctrl 键将结构柱复制到其他基础上，完成结果如图 7-29 所示。

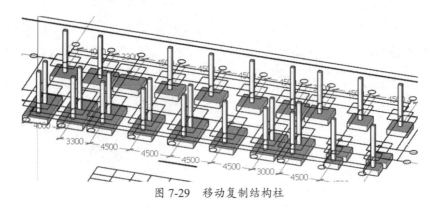

图 7-29　移动复制结构柱

7.2.3　一层结构设计

一层的结构包括从 0 标高到 3 600mm 标高之间的地梁、结构柱（已创建）、一层结构梁、结构楼板等。

① 在视图中删除导入的基础平面布置图。导入"地梁配筋图.dwg"图纸，将图纸按照基础平面布置图的位置进行对齐操作，如图 7-30 所示。

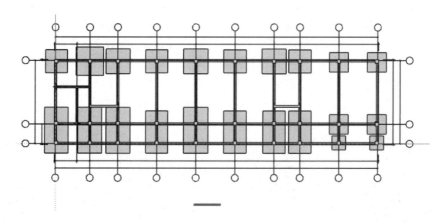

图 7-30　导入地梁配筋图

② 先将结构柱全部隐藏。选中所有结构柱，单击鼠标右键，在弹出的快捷菜单中选择【隐藏】命令，即可隐藏对象。

③ 在【BIM 建模】组中单击【绘制梁】按钮，弹出【绘制梁】对话框。设置梁的尺寸后单击【确定】按钮，如图 7-31 所示。

④ 以轴网为参考绘制结构梁（以"线框"模式显示模型），如图 7-32 所示。梁模型是以轴线为中心进行绘制的，而图纸中的梁左右两边是不对称的，所以使用【移动】命令移动梁模型与图纸中的梁对齐。

> 提示
>
> 绘制一段梁体后，按 Esc 键结束，可以继续绘制其他梁体。如果要结束命令，则按 Enter 键即可。

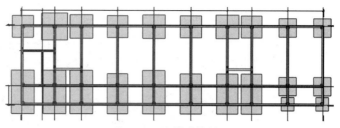

图 7-31 设置地梁的尺寸　　　　图 7-32 绘制结构梁

⑤ 同理，再绘制出 200mm×450mm 尺寸的结构梁，如图 7-33 所示。

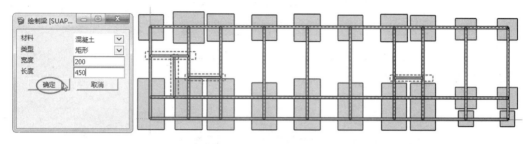

图 7-33 补齐其余结构梁

⑥ 在 SUAPP 插件库面板中，在【辅助工具】分类【超级推/拉】组中单击【跟随推/拉】按钮 ，然后对 4 个角落的结构梁交汇处做推/拉面操作，如图 7-34 所示。

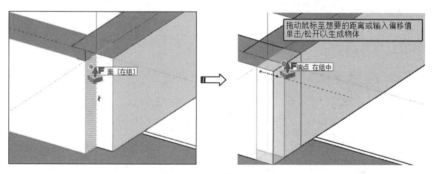

图 7-34 跟随推/拉操作

⑦ 在【实体工具】工具栏中单击【实体外壳】按钮 ，将结构梁进行两两合并。
⑧ 在菜单栏中执行【编辑】|【取消隐藏】|【全部】命令，显示隐藏的结构柱。
⑨ 创建一层的结构梁（参考"二层梁配筋图.dwg"），将地梁复制到结构柱顶部（向上移动并复制 3 600mm），如图 7-35 所示。

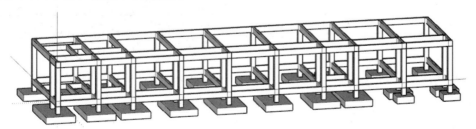

图 7-35 复制一层的结构梁

⑩ 创建一层的楼板（参考"二层板配筋图.dwg"图纸）。在【BIM 建模】组中单击【绘制楼板】按钮，弹出【绘制楼板】对话框。设置楼板厚度为120mm，然后单击【确定】按钮，在俯视图中绘制楼板边界，系统自动创建楼板，如图 7-36 所示。

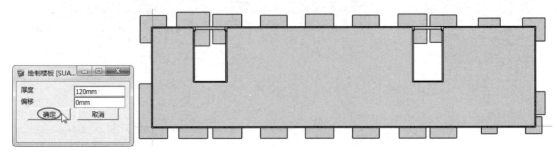

图 7-36　创建一层结构楼板

⑪ 一层结构设计完成效果如图 7-37 所示。

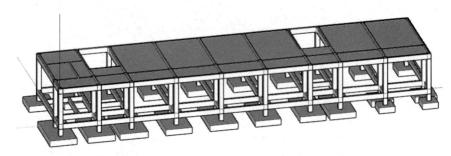

图 7-37　一层结构设计

7.2.4　二、三层结构设计

二层结构设计其实比较简单，其结构与第一层是完全相同的。

① 切换到前视图，在视图中框选一层中的结构柱、结构梁和结构楼板，然后利用【移动】工具，按住 Ctrl 键向上移动复制，距离为 3 600mm，结果如图 7-38 所示。

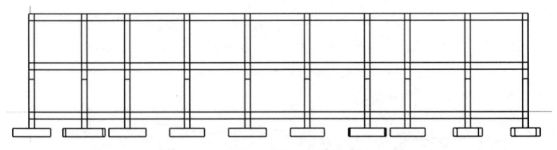

图 7-38　复制一层结构

② 三层与二层有些不同，但可以复制部分结构到三层中，而结构楼层则需要重新创建，复制效果如图 7-39 所示。

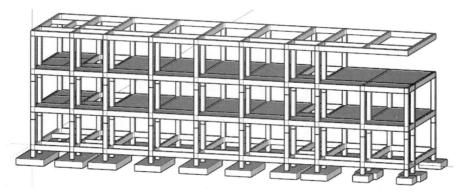

图 7-39　复制部分结构到三层中

③ 将三层结构的梁选中，单击鼠标右键，并在弹出的快捷菜单中选择【炸开模型】命令进行分解。

④ 利用【直线】工具绘制直线分割曲面，分割曲面后将多余的部分删除，得到如图 7-40 所示的结果。

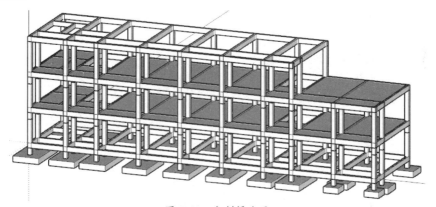

图 7-40　分割梁曲面

⑤ 先创建楼层，然后在【BIM 建模】组中单击【绘制楼板】按钮，创建三层的结构楼板（绘制之前），如图 7-41 所示。

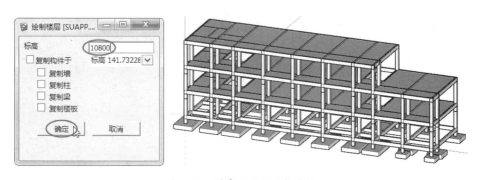

图 7-41　创建三层的结构楼板

⑥ 可利用【实体工具】工具栏中的【实体外壳】工具，将梁、柱、楼板等构件全部合并。至此就完成了办公楼的结构设计。至于建筑设计及装饰设计部分，读者可以利用【建筑设施】分类及【门窗构件】分类等工具自行完成创建。

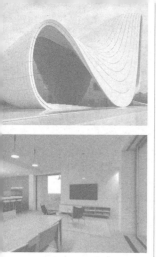
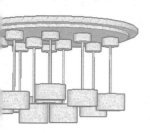
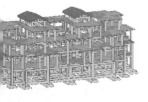

08

Revit
地形与布局设计

Revit 是一款专业的三维参数化建筑 BIM 设计软件，是有效创建信息化建筑模型（BIM），以及进行各种建筑设计、创建施工文档的工具。从本章起将详细讲解如何在 Revit Architecture 环境下进行建筑设计。

- ☑ Revit 2018 工作界面
- ☑ 别墅建筑设计项目介绍
- ☑ 建模前的图纸处理
- ☑ 建筑体量设计
- ☑ 别墅布局设计

扫码看视频

8.1　Revit 2018 工作界面

进入 Revit 2018 工作界面之前会显示 Revit 2018 欢迎界面，它延续了 Revit 2017 版本的【项目】和【族】的创建入口功能，启动 Revit 2018 会打开如图 8-1 所示的欢迎界面。

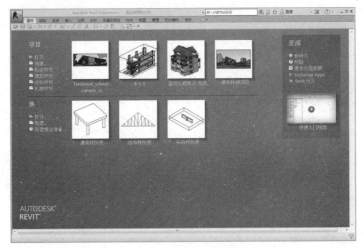

图 8-1　Revit 2018 欢迎界面

这个界面包括 3 个选项区域：【项目】、【族】和【资源】，各选项区域有不同的使用功能。

Revit 2018 工作界面延续了 Revit 2014 和 Revit 2015 版本的界面风格，在欢迎界面的【项目】组中选择一个项目样板或新建项目样板，进入 Revit 2018，显示其工作界面，如图 8-2 所示。

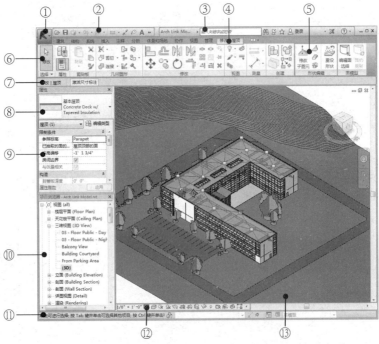

图 8-2　Revit 2018 的工作界面

图中各编号对应介绍如下。

①应用程序菜单：用于访问常用文件操作工具，例如，"新建""打开"和"保存"。还允许用户使用更高级的工具（如"导出"和"发布"）来管理文件，如图8-3所示。

②快速访问工具栏：包含一组默认工具。用户可以对该工具栏进行自定义，使其显示最常用的工具。

③信息中心：用户可以使用信息中心搜索信息，显示【Subscription Center】面板以访问 Subscription 服务，显示【通信中心】面板以访问产品更新，以及显示【收藏夹】面板以访问保存的主题。

④上下文功能区选项卡（简称选项卡）：使用某些工具或者选择图元时，上下文功能区选项卡中会显示与该工具或图元相关的工具，如图 8-4 所示。在许多情况下，上下文选项卡与【修改】选项卡合并在一起。退出该工具或清除选择时，上下文功能区选项卡会关闭。

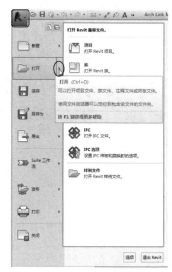

图 8-3 应用程序菜单

图 8-4 上下文功能区选项卡

⑤功能区选项卡下展开的面板（简称面板）：面板名称旁的箭头表示该面板可以展开，来显示相关的工具和控件。

⑥功能区：创建或打开文件时，会显示功能区。它提供创建项目或族所需的全部工具，如图 8-5 所示。

图 8-5 功能区

⑦选项栏：位于功能区下方，其显示的内容根据用户当前执行（使用）的命令（工具）或所选图元而异，如图 8-6 所示。

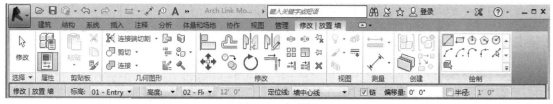

图 8-6 选项栏

⑧类型选择器：如果有一个用来放置图元的工具处于活动状态，或者在绘图区选择了同一类型的多个图元，则【属性】选项板的顶部将显示类型选择器。类型选择器标记当前选择的族类型，并提供一个可从中选择其他类型的下拉列表，如图 8-7 所示。

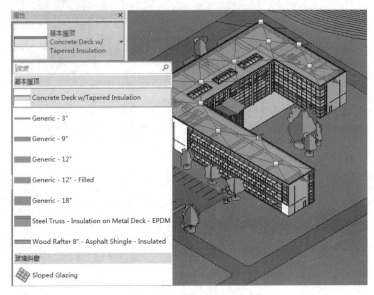

图 8-7　类型选择器

⑨【属性】选项板：是一个无模式对话框，通过该对话框，可以查看和修改用来定义 Revit 中图元属性的参数。

⑩项目浏览器：用于显示当前项目中的所有视图、明细表、图纸、族、组、链接的 Revit 模型和其他部分的逻辑层次。展开和折叠各分支时，将显示下一层项目。

⑪状态栏：沿 Revit 窗口底部显示。使用某一工具时，状态栏左侧会提供一些技巧或提示，告诉用户做什么。高亮显示图元或构件时，状态栏会显示族和类型的名称。

⑫视图控制栏：位于视图窗口底部、状态栏的上方。

⑬绘图区：Revit 窗口中的绘图区显示当前项目的视图（以及图纸和明细表）。每次打开项目中的某一视图，默认情况下，此视图会显示在绘图区其他打开的视图上面。其他视图仍处于打开的状态，但是这些视图在当前视图的下面。

8.2　别墅建筑设计项目介绍

从本节开始，将通过一个完整的建筑项目案例进行详细讲解，从概念体量设计开始，直到建筑施工图出图。

本案例是某城市建筑地块的独栋别墅项目设计。独栋别墅在整个规划地块中仅仅是其中一个建筑规划产品，其余两个产品分别为花园洋房和联排别墅，如图 8-8 所示。

图 8-8　某建筑地块项目规划图

项目设计任务如下。

01　规划用地面积：14 609 平方米。

02　容积率：1.1。

03　总建筑面积：14 609 平方米（地上建筑面积）。

04　绿化率：不小于 30%。

05　停车数：按照每户一辆的标准设计。

06　规划产品：规划设计分为 3 种产品。

1：北侧规划设计为 6 层以下带电梯的花园洋房。要求布局合理，立面新颖。户型合理，符合当地对户型的要求。

2：中部规划设计为联排别墅，主力户型面积要求在 300 平方米（地上建筑面积）以下。

3：南侧规划设计为独立式别墅，面积要求在 400～450 平方米范围内（地上建筑面积）。车库整体立面风格要求新颖、大气，有价值感。

建筑地块及别墅项目的绿色景观规划如图 8-9 所示。图 8-10、图 8-11 和图 8-12 所示分别为建筑地块规划的功能分析图、交通分析图和景观分析图。

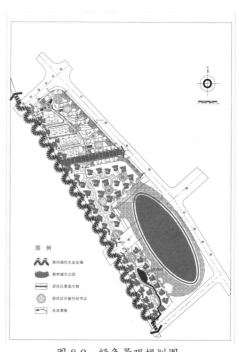

图 8-9　绿色景观规划图

接下来展示 Revit 中独栋别墅的建模效果图和渲染效果图,如图 8-13 和图 8-14 所示。

图 8-10 功能分析图

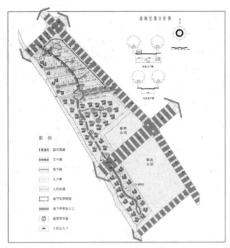

图 8-11 交通分析图

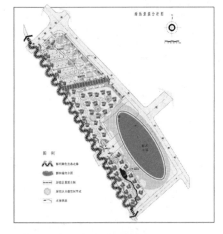

图 8-12 景观分析图

图 8-13 独栋别墅的建模效果图

图 8-14 别墅室内外渲染效果图

8.3 建模前的图纸处理

本例别墅建筑项目前期制作有平面图参考图纸，可将这些图纸导入 Revit 中建模。在将图纸载入 Revit 之前，要将图纸在 AutoCAD 中进行定位。比如，将图纸的中心设为 AutoCAD 绝对坐标系的（0，0）原点位置。

案例——在 AutoCAD 中处理图纸

① 启动 AutoCAD 软件，然后从本案例源文件夹中依次打开一层到四层的平面图，打开的平面图中尺寸标注、图层创建、线型及线宽设置等都已完成，如图 8-15 所示。

② 尺寸标注及标高标注信息暂不需要，可以在【默认】选项卡的【图层】面板下，将尺寸标注及标高标注的所属图层关闭，如图 8-16 所示。

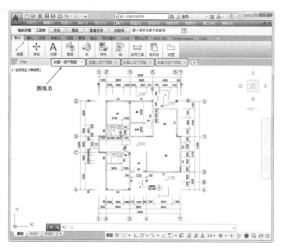

图 8-15 AutoCAD 中的一层平面图

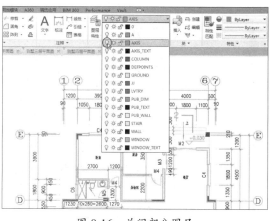

图 8-16 关闭部分图层

> 技术要点
> 选中要隐藏的对象，会自动显示其所在图层，然后关闭该图层即可。

③ 利用【绘图】面板中的【矩形】工具和【直线】工具，绘制能完全包容平面图的矩形及对角线，如图 8-17 所示。

④ 为了保证图形的中心（并不是说绝对的中心）在绝对坐标系的（0，0）原点位置，先框选矩形内（包含矩形）的所有对象，然后在【默认】选项卡的【修改】面板中单击【移动】按钮 移动，或者直接输入 M 指令，启用【移动】命令。

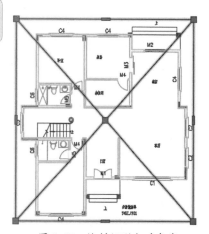

图 8-17 绘制矩形和对角线

⑤ 拾取矩形对角线的交点作为移动基点,如图 8-18 所示。然后在命令行中输入移动终点的坐标(0,0),按 Enter 键即可完成图形的重新定位,如图 8-19 所示。

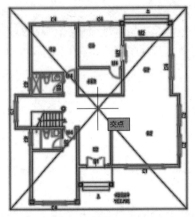 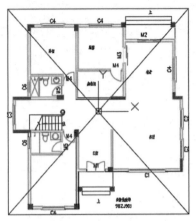

图 8-18　指定移动基点　　　　　　　　图 8-19　移动结果

⑥ 将绘制的矩形和对角线删除。在图形区顶部的模型视图选项卡中选中"别墅二层平面图",显示该图,如图 8-20 所示。

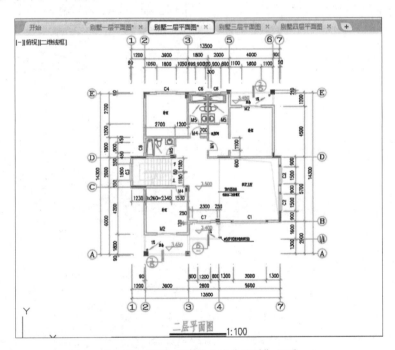

图 8-20　激活"别墅二层平面图"视图

⑦ 选中平面图,然后利用键盘上的快捷键 Ctrl+X(剪切)剪切图形,再激活"别墅一层平面图"视图,在图形区空白位置单击鼠标右键,在快捷菜单中选择【剪贴板】|【将图像粘贴为块】命令,将剪切的二层平面图粘贴到一层平面图旁,如图 8-21 所示。

> **技术要点**
>
> 粘贴为块,是便于在一层平面图中拾取二层的平面图形。

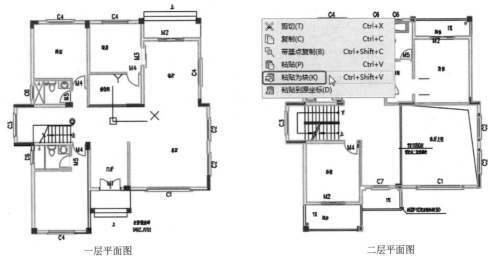

图 8-21　剪切并粘贴二层平面图到"别墅一层平面图"视图中

⑧ 将尺寸标注和标高标注、轴线编号、图纸名称等对象全部删除。利用【移动】命令，拾取二层平面图中 C3 窗的中点为移动基点，然后将其移动到一层平面图中与 C3 窗位置相同的点上与其重合，如图 8-22 所示。

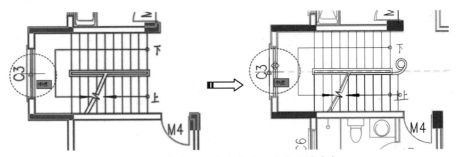

图 8-22　移动二层平面图至一层平面图重合

⑨ 当两个视图完全重合后，再剪切二层平面图的图形，将其重新粘贴回"别墅二层平面图"视图中，并且是以选择快捷菜单中的【剪贴板】|【粘贴到原坐标】命令的方式进行粘贴，结果如图 8-23 所示。

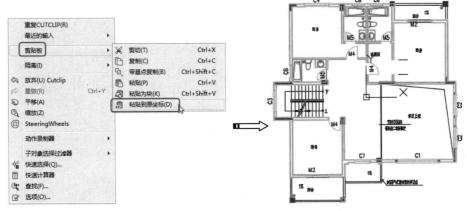

图 8-23　将二层平面图粘贴回原模型视图中

> **技术要点**
> 为什么要如此反复地剪切、粘贴平面图呢？答案是为了保证当将多层平面图载入 Revit 中以后，每张参考图纸都是完全重合的，不至于在高层上建模时出错。

⑩ 同理，将"别墅三层平面图"和"别墅四层平面图"模型视图中的平面图都进行相同的操作，如果要处理的平面图中找不到与一层平面图相同的位置点，可以利用【移动】命令对齐水平轴线和竖直轴线，例如"别墅四层平面图"。暂不隐藏轴线及编号。

⑪ 将所有平面图保存。

8.4 建筑体量设计

在项目前期概念、方案设计阶段，建筑师经常会从体块分析入手，首先创建建筑的体块模型，并不断推敲修改，估算建筑的表面面积、体积，计算体形系数等经济技术指标。

① 启动 Revit 2018。新建建筑项目，选择"Revit 2018 中国样板"样板文件，如图 8-24 所示，进入 Revit Architecture 项目环境中。

② 在项目浏览器中，切换至东立面视图。在【建筑】选项卡的【基准】面板中，单击 标高 按钮，绘制场地标高、标高 3 和标高 4，并修改标高 2 的标高值，如图 8-25 所示。

> **技术要点**
> 在创建场地标高时，应删除楼层平面视图中的"场地"平面视图。为什么要在此处创建标高呢？答案是为了创建楼层平面以载入相应的 AutoCAD 参考平面图。

图 8-24 新建建筑项目

图 8-25 创建标高

③ 切换楼层平面视图为"标高 1"，在【插入】选项卡的【导入】面板中单击【导入 CAD】按钮，打开【导入 CAD 格式】对话框，从本案例源文件夹中导入"别墅一层平面图-完成.dwg" CAD 文件，如图 8-26 所示。

④ 导入的别墅一层平面图的 CAD 参考图如图 8-27 所示。

图 8-26 导入一层平面图 CAD 格式文件

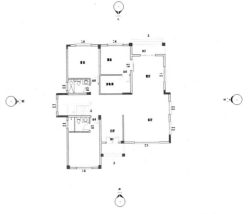

图 8-27 导入的一层平面图的 CAD 参考图

⑤ 同理，分别在楼层平面"标高 2""标高 3"和"标高 4"视图中，依次导入"别墅二层平面图""别墅三层平面图"和"别墅四层平面图"。

⑥ 切换到"标高 1"视图。在【体量和场地】选项卡的【概念体量】面板中，单击【内建体量】按钮，新建名为"别墅概念体量"的体量，如图 8-28 所示。

⑦ 进入概念体量环境后，利用【直线】工具，沿着参考图的墙体外边线，绘制封闭的轮廓，如图 8-29 所示。完成绘制后按 Esc 键退出绘制。

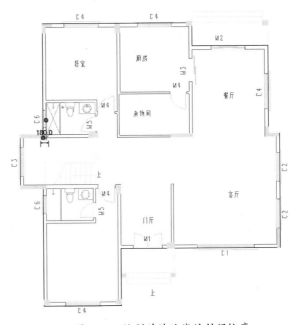

图 8-28 新建体量　　图 8-29 绘制外墙边线的封闭轮廓

⑧ 选中绘制的封闭轮廓，在【修改|线】上下文选项卡的【形状】面板中，单击【创建形状】|【实心形状】命令，创建实心的体量模型，此时切换到三维视图查看，效果如图 8-30 所示。

⑨ 单击体量高度值，将其修改（默认生成高度为"6 000"）为"3 500"，按 Enter 键即可改变，如图 8-31 所示。

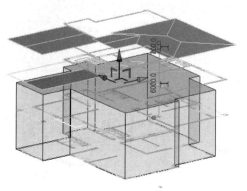　　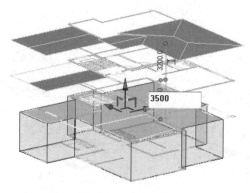

图 8-30　创建的体量　　　　　　图 8-31　修改体量模型高度

⑩ 修改后在图形区空白位置单击，继续标高 2~标高 3 之间的体量创建。创建方法完全相同，只是绘制的轮廓稍有改变。如图 8-32 所示为绘制的封闭轮廓。

图 8-32　绘制的封闭轮廓

⑪ 选中封闭的轮廓，在【修改|线】上下文选项卡的【形状】面板中，选择【创建形状】|【实心形状】命令，创建实心的体量模型，此时切换到三维视图查看，并修改体量模型的高度为"3 200"，如图 8-33 所示。

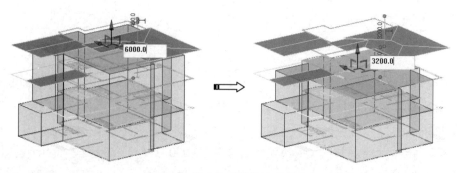

图 8-33　创建体量并修改体量高度

⑫ 同理,切换至"标高3"楼层平面视图。绘制封闭轮廓,如图8-34所示。创建实心的体量模型,切换到三维视图,修改体量模型的高度为"3 200",如图8-35所示。

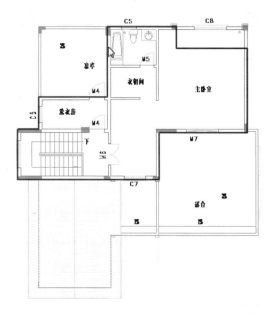

图8-34 绘制封闭轮廓

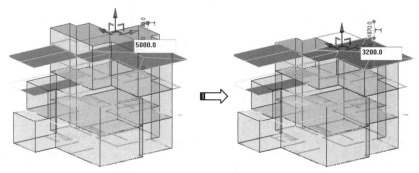

图8-35 绘制体量模型

⑬ 创建一些建筑附加体的体量模型,如屋顶、阳台、雨篷等。由于时间及篇幅限制,这些烦琐的工作读者可自行完成。当然,也可以不创建附加体,在后面建筑模型的制作过程中,利用相关的屋顶、雨篷构件等要快速得多。最后单击【完成体量】按钮,完成别墅概念体量模型的创建。

⑭ 由于还没有楼层信息,所以还需要创建体量楼层。选中体量模型,激活【修改|体量】上下文选项卡,单击【体量楼层】按钮,弹出【体量楼层】对话框。

⑮ 在该对话框中勾选【标高 1】~【标高 4】复选框,【场地】和顶层【标高 5】没有楼层,无须勾选,如图8-36所示。

⑯ 单击【确定】按钮,自动创建体量楼层,如图8-37所示。

⑰ 完成体量设计后,在后面设计各层的建筑模型时,可以将概念模型的面转成墙体、楼板等构件。最后将项目文件保存为"别墅项目一"。

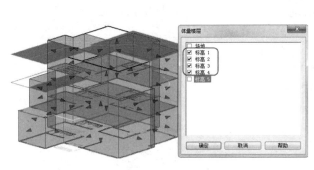 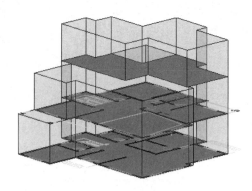

图 8-36　选择要创建体量楼层的选项　　　　图 8-37　创建体量楼层

8.5　别墅布局设计

别墅项目的布局设计包括定义地理位置、标高和轴网设计,以及创建地形表面等。

案例——定义地理位置

① 将 8.4 节中别墅项目的体量设计结果作为本节布局设计的源文件。
② 切换至三维视图,选中体量模型和体量楼层,单击鼠标右键,在快捷菜单中选择【在视图中隐藏】|【图元】命令,隐藏体量和体量楼层。
③ 单击【管理】选项卡下【项目位置】面板中的【地点】按钮,弹出【位置、气候和场地】对话框。
④ 选择【位置】选项卡。手工输入地理位置"武汉",利用内置的 bing(必应)地图进行搜索,得到新的地理位置,如图 8-38 所示。搜索到项目地址后,会显示图标,当鼠标指针靠近该图标时将显示经纬度和项目地址信息提示。

图 8-38　搜索地址

⑤ 其余选项卡中的选项设置保持默认，单击【确定】按钮完成地点的设置。

案例——标高和轴网设计

① 标高在载入 CAD 格式文件时就已经提前创建好，可以通过切换至东立面视图查看，如图 8-39 所示。

图 8-39 已创建的标高

② 切换至"标高 1"楼层平面视图。在【修改】选项卡的【测量】面板中，单击【对齐尺寸标注】工具，标注一层平面图中墙体的厚度，如图 8-40 所示。

> 技术要点
>
> 绘制轴网时根据标注的尺寸来设置偏移。

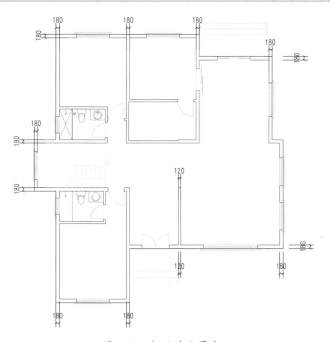

图 8-40 标注墙体厚度

③ 单击【建筑】选项卡下【基准】面板中的 轴网 按钮，在选项栏中设置偏移量为"90"，在【属性】选项板中选择【轴网：双标头】类型。随后从左到右依次绘制出轴线编号为①~⑦的轴网，如图8-41所示。

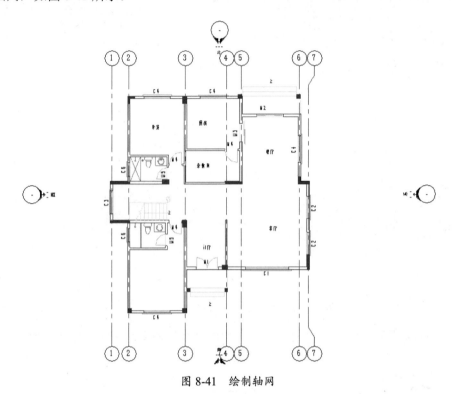

图 8-41 绘制轴网

④ 由于绘制轴网采用统一偏移量，而编号为④的墙体厚度为"120"，因此选中编号④轴线，编辑其在该墙体中的两侧偏移量，如图8-42所示。

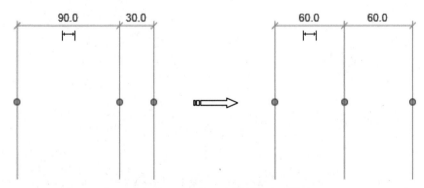

图 8-42 编辑编号④轴线的偏移量

⑤ 同理，继续绘制编号从Ⓐ至Ⓕ的水平轴线，如图8-43所示。

08　Revit 地形与布局设计

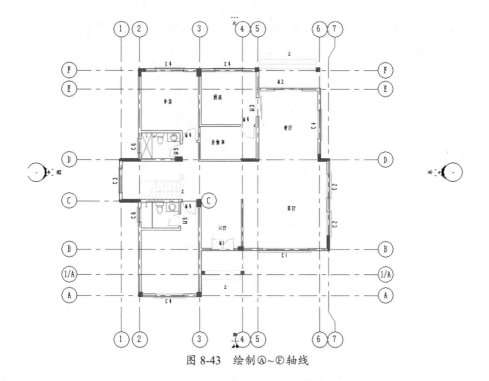

图 8-43　绘制 Ⓐ~Ⓕ 轴线

案例——创建地形表面

① 切换至【楼层平面】节点下的"场地"视图。
② 在【建筑】选项卡的【工作平面】面板中，单击【参照平面】工具，绘制如图 8-44 所示的 4 个参照平面。

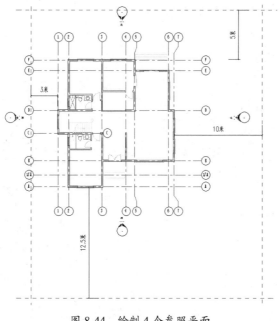

图 8-44　绘制 4 个参照平面

③ 在【体量和场地】选项卡的【场地建模】面板中，单击【地形表面】按钮，绘制 4 个放置点以创建地形表面，如图 8-45 所示。

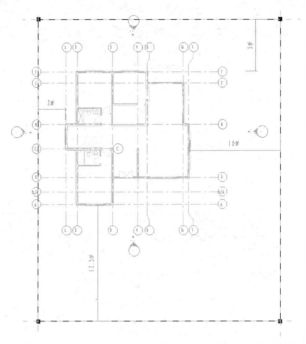

图 8-45 绘制 4 个放置点以创建地形表面

④ 选取 4 个放置点，依次在选项栏中设置其高度为"-450"，使整个地形平面与场地标高在同一高度。

> **技术要点**
>
> 创建地形后如果看不见地形，可在"场地"视图中设置楼层平面的属性，即在【属性】选项板的【范围】选项组下设置【视图范围】，将【主要范围】和【视图深度】全部设为【无限制】即可。

⑤ 在【属性】选项板的【材质和装饰】中设置【材质】选项，在弹出的【材料浏览器】对话框中为地形选择【场地-草】材质，如图 8-46 所示。

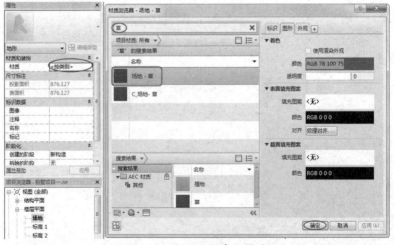

图 8-46 设置地形表面材质

⑥ 单击【完成表面】按钮✔，完成创建，效果如图8-47所示。

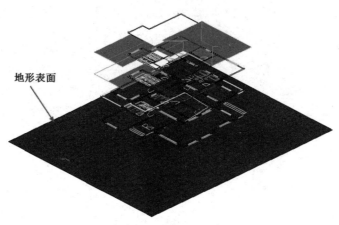

图8-47 创建的地形表面

案例——创建道路

① 在【体量和场地】选项卡的【修改场地】面板中，单击【子面域】按钮，激活【修改|创建子面域边界】上下文选项卡。
② 利用【绘制】面板中的【直线】工具绘制院内道路，如图8-48所示。
③ 单击【完成编辑模式】按钮✔，完成道路的创建，如图8-49所示。

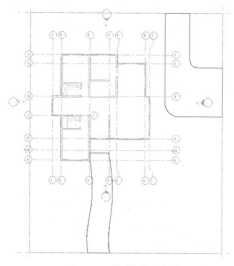

图8-48 绘制道路边界

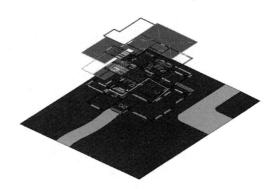

图8-49 创建的道路

案例——放置场地构件和停车场构件

有了地形表面和道路，再配上生动的花草、树木、车等场地构件，可以使整个场景更加丰富。场地构件的绘制同样在默认的"场地"视图中完成。

① 在【视图】选项卡的【图形】面板中，单击【可见性/图形】按钮，然后在打开的【楼层平面：场地的可见性/图形替换】对话框中设置【轴网】隐藏，如图 8-50 所示。
② 移动立面图标记到合适的位置（地形边界外），如图 8-51 所示。

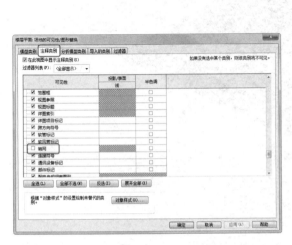

图 8-50　隐藏轴网　　　　　　　　　　图 8-51　移动立面图标记

③ 在【体量和场地】选项卡的【场地建模】面板中，单击【场地构件】按钮，然后从【属性】选项板的选择浏览器中选择"RPC 树-落叶树：日本樱桃树-4.5 米"树种，放置到院内道路以外的区域，如图 8-52 所示。

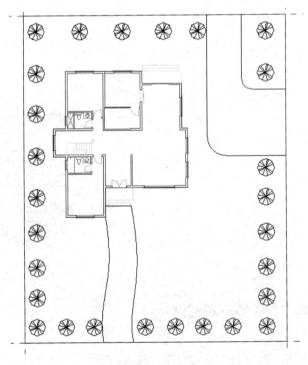

图 8-52　放置树

④ 完成树的放置后,再次单击【场地构件】按钮,在【修改|场地构件】上下文选项卡的【模式】面板中,单击【载入族】按钮,从 Revit 族库中的【建筑】|【植物】|【3D】|【草本】文件夹中选择"草 3 3D.rfs",如图 8-53 所示。

图 8-53　载入"草 3 3D.rfs"

⑤ 载入"草 3 3D.rfs"后放置在草地中,如图 8-54 所示。

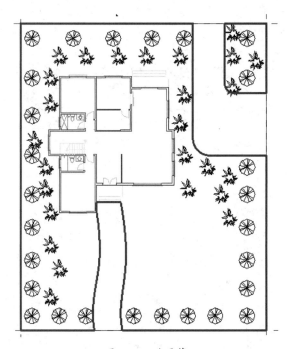

图 8-54　放置草

⑥ 同理,从族库中的【建筑】|【植物】|【3D】|【草本】文件夹中选择"花"族,放置在院内,如图 8-55 所示。

⑦ 从族库中的【建筑】|【场地】|【附属设施】|【景观小品】文件夹中选择"喷水池"族,放置在院内,如图 8-56 所示。

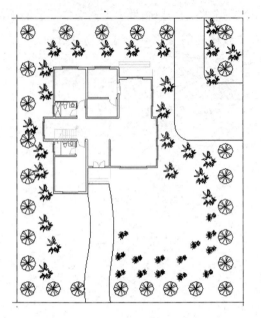

图 8-55 放置花　　　　　　　　　图 8-56 放置喷水池

⑧ 从族库中的【建筑】|【场地】|【体育设施】|【儿童娱乐】文件夹中选择"攀岩墙组合 1"族，放置在院内，如图 8-57 所示。

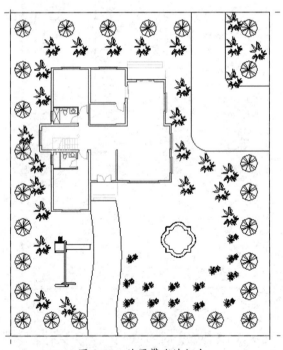

图 8-57 放置攀岩墙组合

⑨ 此外，院内还可以放置其他景观小品，如圆灯、休闲椅等。

⑩ 单击【场地建模】面板中的【停车场构件】按钮，将族库中的【建筑】|【场地】|【停车场】文件夹中的"小汽车停车位 2D - 3D.rfa"族，放置在院内，然后利用【旋转】工具旋转 90°，并移动到地形边界，如图 8-58 所示。

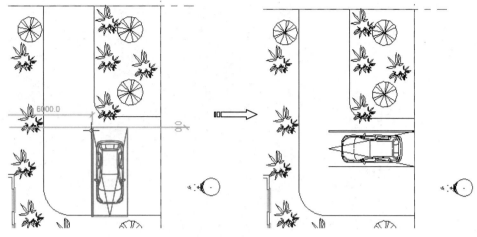

图 8-58　放置停车位构件

⑪ 利用【复制】工具复制停车位，如图 8-59 所示。复制停车位后被道路遮挡看不见，可以选中复制的停车位构件，在【修改|停车场】上下文选项卡中单击【拾取新主体】按钮，重新选择停车位所在道路作为主体即可。

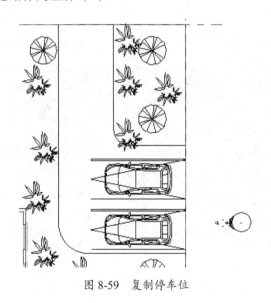

图 8-59　复制停车位

案例——创建室内地坪

① 切换至"标高 1"楼层平面视图。
② 在【体量和场地】选项卡中单击【建筑地坪】按钮，激活【修改|创建建筑地坪边界】上下文选项卡。
③ 利用【绘制】面板中的【直线】工具，将沿外墙的轴线作为参考，创建出封闭的边界，如图 8-60 所示。

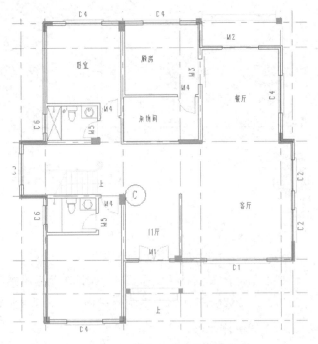

图 8-60 拾取外墙以创建边界

④ 单击【完成编辑模式】按钮✅，完成地坪的创建，效果如图 8-61 所示。

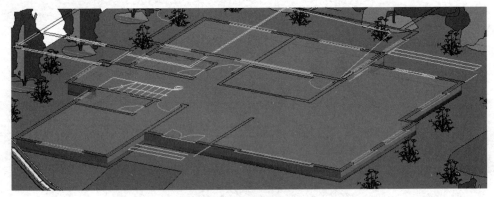

图 8-61 创建的地坪

⑤ 最终完成了别墅项目的场地设计，将项目文件保存为"别墅项目二"。

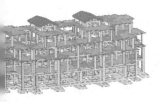

09

Revit 墙体及门窗构件设计

本章开始建筑模型的构建，首先从墙体开始。建筑墙体属于 Revit 的系统族，创建墙体后载入门窗构件，接着载入结构柱与结构梁等构件。

☑ 别墅建筑墙体设计

☑ 创建门窗及柱梁构件

扫码看视频

9.1 别墅建筑墙体设计

本节将进行一层到三层的建筑墙体设计。

案例——创建一层墙体

① 将第 8 章保存的"别墅项目二.rvt"结果文件作为本次设计的源文件。
② 切换至三维视图。首先显示隐藏的体量模型。在状态栏中单击【显示隐藏的图元】按钮 ，显示体量模型，如图 9-1 所示。

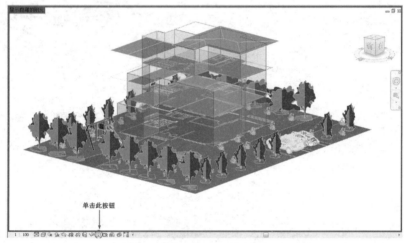

图 9-1 显示隐藏的别墅体量模型

③ 在【建筑】选项卡的【构建】面板中，选择【墙】|【面墙】命令，在【属性】选项板的类型选择器中选择【叠层墙】类型，然后依次选取第一层体量表面来创建墙体，如图 9-2 所示。
④ 选中全部墙体，在【属性】选项板中设置【底部限制条件】为"场地"，设置【无连接高度】值为"3 950"，如图 9-3 所示。

图 9-2 创建面墙

图 9-3 设置限制条件

⑤ 单击 编辑类型 按钮，打开【类型属性】对话框，在【结构】参数一栏单击【编辑】按钮，弹出【编辑部件】对话框，如图 9-4 所示。

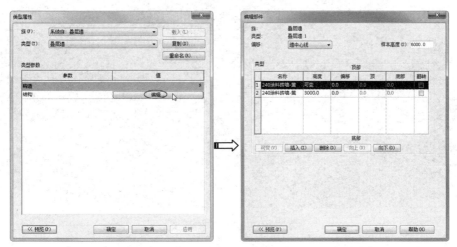

图 9-4　编辑类型和结构

⑥ 选择编号为 2 的结构，将其名称、高度重新设置为"常规-225mm 砌体""1 350"。单击【插入】按钮，增加一个墙的构造层，选择名称为"CW 102-85-140p"的类型，设置【高度】为"100"，设置【偏移】为"50"。设置结果如图 9-5 所示。

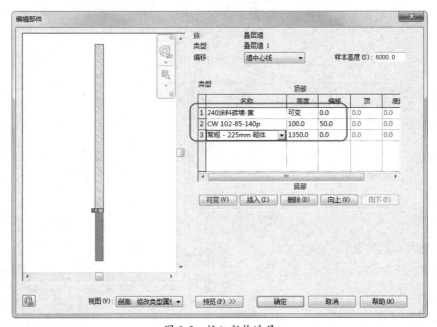

图 9-5　插入新构造层

⑦ 单击【编辑部件】对话框中的【确定】按钮，再单击【类型属性】对话框中的【确定】按钮，完成叠层墙体的创建，效果如图 9-6 所示。

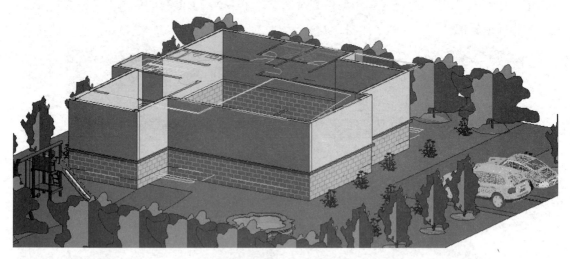

图 9-6 创建叠层墙体

⑧ 切换至"标高 2"视图。利用【墙】工具,选择"基本墙:常规-200mm"类型,选项栏设置如图 9-7 所示。

图 9-7 选项栏设置

⑨ 单击【编辑类型】按钮,复制并重命名类型为"常规-180mm"墙体类型,并编辑基本墙的结构,如图 9-8 所示。

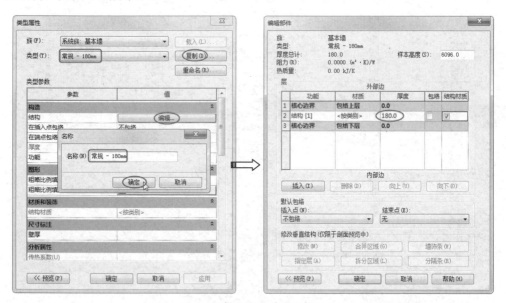

图 9-8 复制墙体并编辑结构

⑩ 在轴网上绘制 180mm 的内墙,如图 9-9 所示。

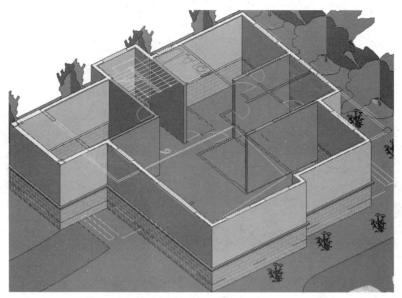

图 9-9 绘制 180mm 的内墙

⑪ 同理,按相同的操作方法,再绘制其余 120mm 的内墙,如图 9-10 所示。

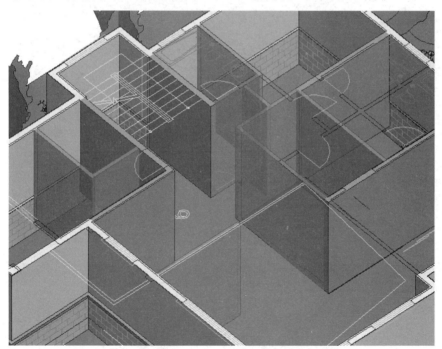

图 9-10 绘制 120mm 的内墙

案例——创建二层墙体

① 切换至三维视图。显示隐藏的体量模型,利用【面墙】工具,拾取别墅体量模型二层的外表面来创建基本墙体(类型为【叠层墙】),如图 9-11 所示。

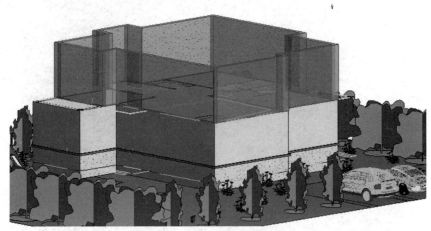

图 9-11 创建二层面墙

② 选中二层所有墙体,单击【属性】选项板中的【编辑类型】按钮,结构设置如图 9-12 所示。

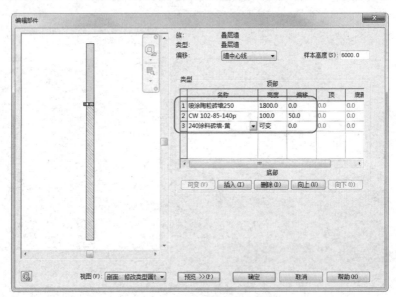

图 9-12 设置二层墙体的结构

③ 切换至"标高 2"视图。首先绘制 180mm 的内墙,如图 9-13 所示。

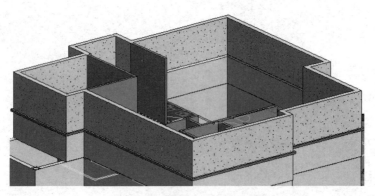

图 9-13 绘制 180mm 的内墙

④ 接着绘制 120mm 的内墙，如图 9-14 所示。

> 💡 技术要点
>
> 注意：在创建其余楼层的墙体时，要设置底部的限制条件，避免在该平面视图中看不见所创建的墙体。如果还是看不见绘制的墙体，最好在【属性】选项板中设置"标高 2"平面层的视图范围，即添加【剖切面】的【偏移量】。

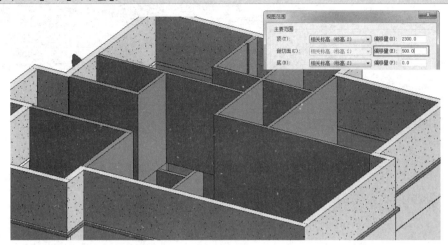

图 9-14 绘制 120mm 的内墙

案例——创建三层墙体

① 接下来显示隐藏的体量模型，切换至三维视图。在第三层再创建类型为"基本墙：弹涂陶粒砖墙 250"的面墙，设置【底部限制条件】为"标高 3"，设置【顶部约束】为"直到标高：标高 4"，如图 9-15 所示。

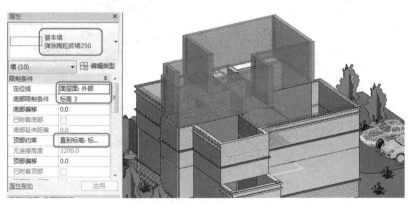

图 9-15 创建三、四层的面墙

② 切换至"标高 3"视图。在三层"标高 3"创建 180mm 和 120mm 的内墙，如图 9-16 所示。

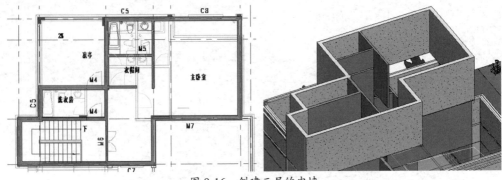

图 9-16 创建三层的内墙

案例——创建墙饰条

① 在【建筑】选项卡的【构建】面板中,选择【墙】|【墙饰条】命令,在一、二、三层墙体上创建墙饰条,如图 9-17 所示。

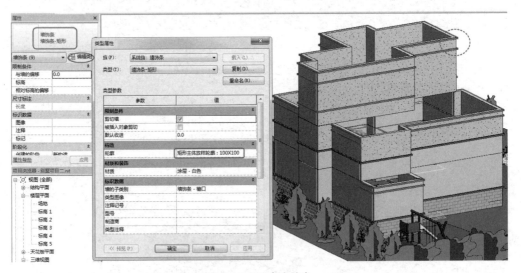

图 9-17 创建墙饰条

② 墙饰条的标高位置如图 9-18 所示。

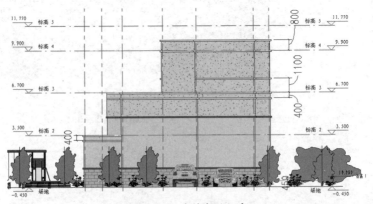

图 9-18 墙饰条的标高

③ 保存本案例的项目为"别墅项目三"。

9.2 创建门窗及柱梁构件

继续别墅建筑项目的设计。本节将详细介绍别墅各层中的门、窗及柱梁等构件的设计安装。

一层门窗安装参考图如图 9-19 所示；二层门窗安装参考图如图 9-20 所示；三层门窗安装参考图如图 9-21 所示。

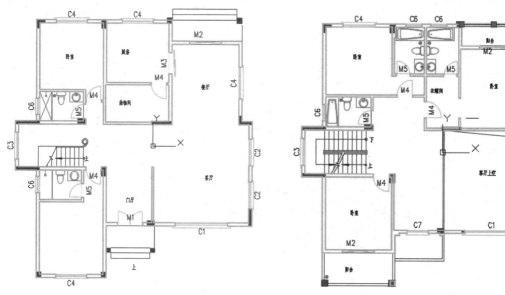

图 9-19　一层门窗安装参考图　　　　图 9-20　二层门窗安装参考图

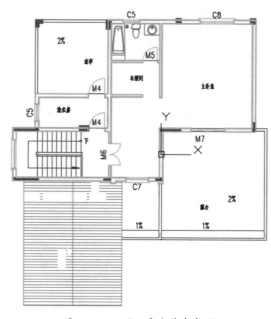

图 9-21　三层门窗安装参考图

从 C1~C8 的窗尺寸示意图如图 9-22 所示。

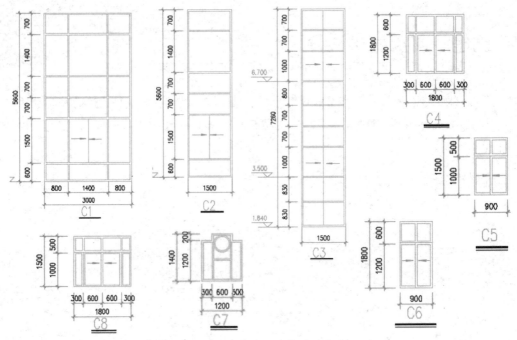

图 9-22　别墅三层中窗的尺寸图

门窗表如图 9-23 所示。依据门窗表来创建或载入相应的门窗族。

门窗表

门窗名称	洞口尺寸	门窗数量	备注
C1	3000x5600	1	详窗大样
C2	1500x5600	2	
C3	1500x7260	1	
C4	1800x1800	5	
C5	9000x1500	2	
C6	9000x1800	5	
C7	1200x1400	2	
C8	1800x1500	1	
M1	1500x2500	1	硬木装饰门
M2	1800x2700	3	铝合金玻璃平开门
M3	1500x2100	1	铝合金玻璃平开门
M4	900x2100	8	硬木装饰门
M5	800x2100	6	硬木装饰门
M6	1200x2100	1	硬木装饰门
M7	1800x2400	1	铝合金玻璃推拉门

图 9-23　门窗表

案例——创建一层墙体的门和窗

① 打开本次项目案例的源文件"别墅项目三.rvt"。
② 暂将二、三层的墙体及 CAD 图纸参考等隐藏,如图 9-24 所示。

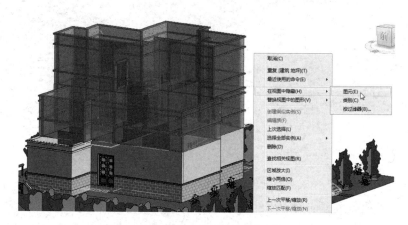

图 9-24　隐藏二、三层墙体及 CAD 图纸

③ 切换至"标高 1"视图。在【建筑】选项卡的【构建】面板中,单击【门】按钮,激活【修改|放置门】上下文选项卡。
④ 单击【载入族】按钮,然后从本案例源文件夹中打开"中式平开门-双扇 5"门族文件,将门族放置在 CAD 一层平面图的 M1 标注位置上,并将门标记"M828"改为"M1",如图 9-25 所示。

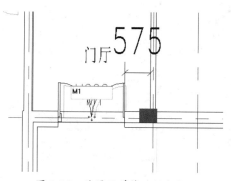

图 9-25　放置门并修改门标记

⑤ 同理,依次将"镶玻璃门-双扇 11(M2)""推拉门-铝合金双扇 002(M3)""硬木装饰门-单扇 17(M4)"和"镶玻璃门-单扇 7(M5)"放置到一层视图中,并与原 CAD 参考图纸中的门标记一一对应并修改,结果如图 9-26 所示。

> **技术要点**
> 放置门并修改门标记后,可将原 CAD 图纸隐藏或删除,以免影响后期的图纸制作。

⑥ 放置门的效果如图 9-27 所示。

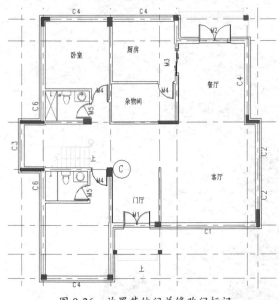

图 9-26 放置其他门并修改门标记

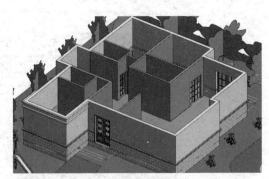

图 9-27 放置门的效果

⑦ 要创建窗,需要先依据前面给出的门窗表来创建族。鉴于 C1、C2 和 C3 窗规格较大,可用幕墙系统工具来设计。其余窗直接加载窗族即可。

⑧ 单击【窗】按钮,从本案例源文件夹中依次载入"C4 窗"和"C6 窗"族并放置在一层楼层平面视图中,在【属性】选项板中,设置【限制条件】的【底高度】为"1 000"。

⑨ 然后从项目浏览器的【族】|【注释符号】|【标记_窗】节点下,拖动【标记_窗】标记到放置的窗族上,并重命名为 C4 和 C6,如图 9-28 所示。

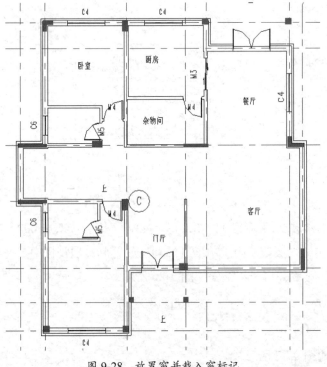

图 9-28 放置窗并载入窗标记

⑩ 在【建筑】选项卡的【构建】面板中,单击【楼板】|【楼板:结构】按钮,然后拾取一层外墙体来创建结构楼板,如图 9-29 所示。

图 9-29 创建结构楼板

案例——创建二层墙体的门和窗

① 显示隐藏的二层墙体及 CAD 图纸。利用【门】工具,从本案例源文件夹中载入与一层门标记相同的门族,并放置在二层平面视图中,如图 9-30 所示。

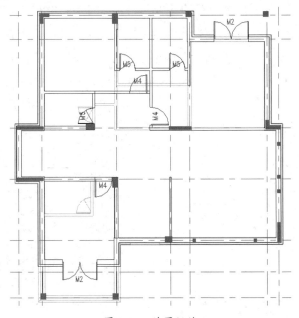

图 9-30 放置门族

② 同理,从本案例源文件夹中载入 C4、C6 和 C7 的窗族放置在二层墙体中,如图 9-31 所示。

技术要点

由于 C1 窗和 C2 窗在一层和二层墙体上,可创建幕墙来替代窗族。利用【修改】选项卡中【几何图形】面板中的【连接】工具,将二层外墙和一层外墙连接成整体。若发现一层和二层的墙体外表面不平滑,可使用【对齐】工具对齐两层的墙体外表面。

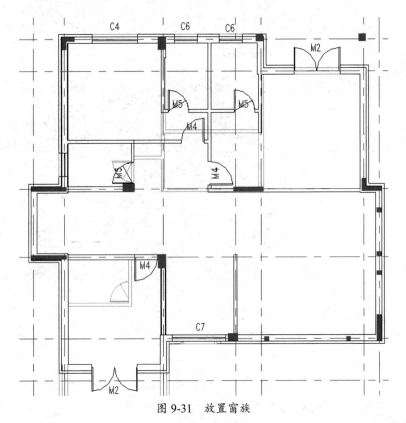

图 9-31 放置窗族

③ 切换至南立面视图。在项目浏览器的【族】|【体量】|【别墅概念体量】节点下单击鼠标右键,并选择快捷菜单中的【选择全部实例】|【在整个项目中】命令,如图 9-32 所示。

④ 在激活的【修改|体量】上下文选项卡中单击【在位编辑】按钮,进入概念体量设计模式中。利用【直线】、【圆弧】等工具,绘制如图 9-33 所示的封闭轮廓。

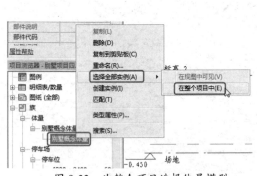

图 9-32 为整个项目选择体量模型

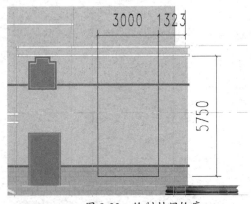

图 9-33 绘制封闭轮廓

⑤ 选中绘制的封闭轮廓,然后创建实心形状,修改拉伸深度值为"-300",意思是向墙内创建体量,如图 9-34 所示。单击【完成体量】按钮,退出体量设计模式。

> **技术要点**
>
> 要修改实心形状的拉伸深度,先选择外表面,然后修改显示的深度值。

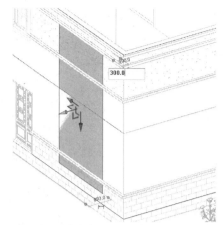

图 9-34 创建实心形状并修改拉伸深度

⑥ 在图形区下方的状态栏中单击【显示隐藏的图元】按钮 ,显示隐藏的体量模型。选择【墙】|【面墙】命令,选择步骤⑤创建的体量实心形状表面来创建面墙。

⑦ 关闭显示的隐藏图元,选中创建的面墙,然后在【属性】选项板的选择浏览器中选择【幕墙】类型,将墙体转换成幕墙,如图 9-35 所示。

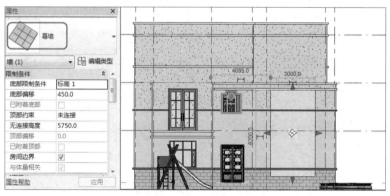

图 9-35 转换墙体为幕墙

⑧ 在【修改】选项卡的【几何图形】面板中,单击【剪切】工具,先选中墙体,再选择幕墙,剪切幕墙所在的部分墙体,如图 9-36 所示。

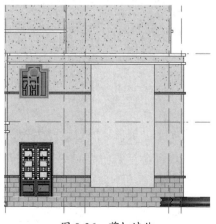

图 9-36 剪切墙体

⑨ 单击【幕墙网格】按钮，激活【修改|放置幕墙网格】上下文选项卡。首先利用【放置】面板中的【全部分段】工具，将鼠标指针靠近竖直幕墙边，然后在幕墙上建立水平分段线，如图9-37所示。

⑩ 将鼠标指针靠近幕墙上边或下边，建立竖直分段线，如图9-38所示。

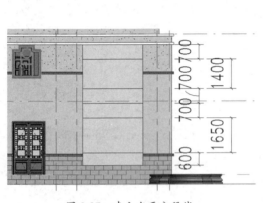
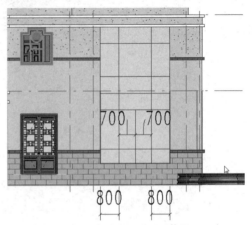

图9-37　建立水平分段线　　　　　图9-38　建立竖直分段线

⑪ 在【建筑】选项卡的【构建】面板中，单击【竖梃】按钮，激活【修改|放置竖梃】上下文选项卡。

⑫ 单击【全部网格线】按钮，然后选择所有的网格线来创建竖梃，如图9-39所示。

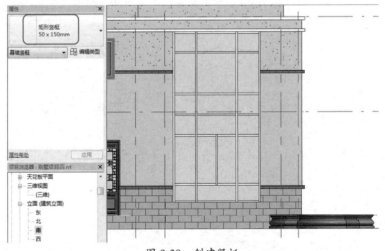

图9-39　创建竖梃

⑬ 利用【墙】|【墙饰条】工具，绕幕墙窗框周边分别创建水平和竖直的墙饰条，如图9-40所示。

⑭ 由于默认的墙饰条是沿墙的长度来创建的，所以选中墙饰条，可以拖动其端点来改变墙饰条长度，并使用【连接】工具连接墙饰条。编辑结果如图9-41所示。

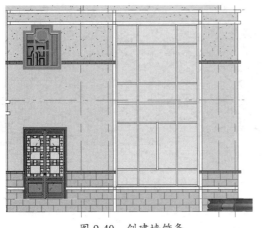
图 9-40 创建墙饰条

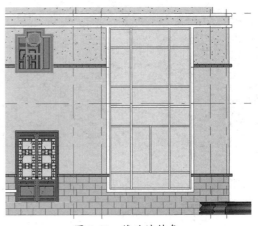
图 9-41 修改墙饰条

⑮ 同理,按此方法创建并安装 C2 窗。如图 9-42 所示为体量轮廓与幕墙网格、竖梃。

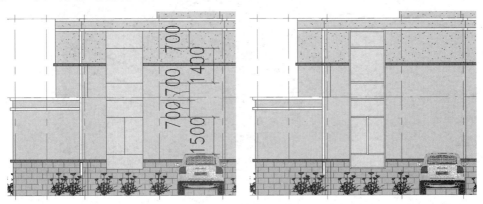
图 9-42 创建 C2 窗

⑯ 创建一个 C2 窗后,利用【复制】工具复制另一个 C2 窗,并重新利用【剪切】工具剪切外墙。如图 9-43 所示为创建完成的 C2 窗。

图 9-43 创建完成的 C2 窗

⑰ 利用【墙:饰条】工具,创建一层和二层墙体中所有窗框周边的墙饰条,如图 9-44 所示。

图 9-44 创建窗框周边的墙饰条

⑱ 再利用【墙：饰条】工具，选择【墙饰条：散水】类型，沿一层外墙底部边界来创建散水，如图 9-45 所示。

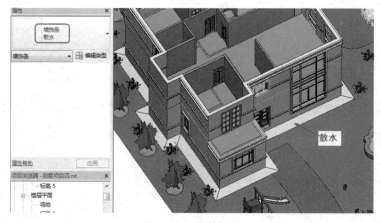

图 9-45 创建散水

⑲ 在【建筑】选项卡的【构建】面板中，单击【楼板】|【楼板：结构】按钮，然后拾取二层外墙体来创建结构楼板，如图 9-46 所示。

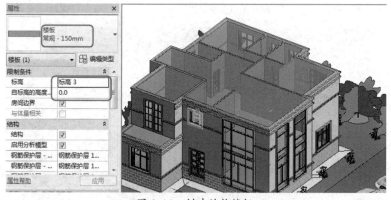

图 9-46 创建结构楼板

案例——创建三层墙体的门和窗

① 切换至三维视图，利用【门】工具，从本案例源文件夹中载入 M4、M5、M6 和 M7 的门族，依据 CAD 参考图"别墅三层平面图"将门族放置在对应的位置，如图 9-47 所示。

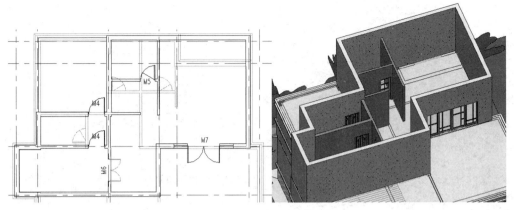

图 9-47　放置门族

② 利用【窗】工具，将 C4、C6 和 C7 窗族载入并放置在如图 9-48 所示的三层墙体中。

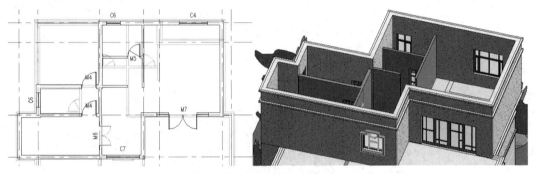

图 9-48　放置窗族

③ 利用【墙：饰条】工具，创建三层所有窗框周边的墙饰条。

④ 利用【楼板：结构】工具，在"标高 4"上创建结构楼板，如图 9-49 所示。

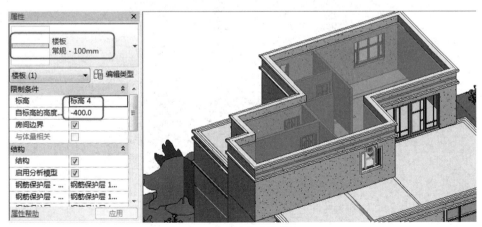

图 9-49　创建结构楼板

⑤ 切换至西立面视图。利用前面介绍创建 C1 窗和 C2 窗的方法，以幕墙的形式来创建 C3 窗，如图 9-50 所示。

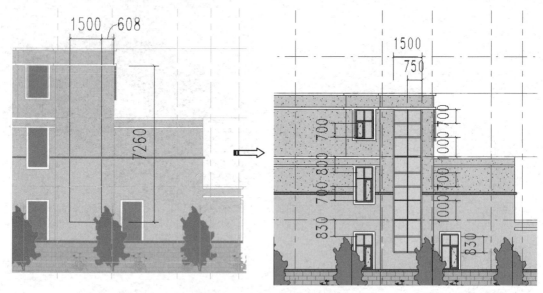

图 9-50　创建 C3 窗（幕墙）

⑥　创建 C3 窗框周边的墙饰条，如图 9-51 所示。

图 9-51　创建墙饰条

⑦　将项目文件保存为"别墅项目四"。

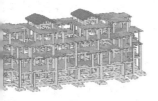

10

楼地层、
楼梯及栏杆设计

Revit 提供了楼板、屋顶、天花板、楼梯及栏杆设计工具，本章将使用这些工具完成建筑项目的设计。要求读者掌握楼板、屋顶、天花板和洞口工具的使用。

 项目分解

- ☑ 别墅建筑楼板与天花板设计
- ☑ 柱、阳台及屋顶设计
- ☑ 楼梯、坡道和栏杆设计

扫码看视频

10.1　别墅建筑楼板与天花板设计

本节继续在别墅项目中创建建筑楼板与天花板。

案例——建筑楼板设计与装修

本书以建筑楼板、室内构件的布置为例，详解建筑楼板的设计与装修。对于建筑楼板和结构楼板的区别前面已经介绍得很详细了，结构楼板是由钢筋混凝土现场浇注而成的，而建筑楼板是装修时铺设的地砖板层。建筑楼板和结构楼板的创建过程是相同的，不同的是如果房间内铺设的地板材质不同，那么需要单独为各房间创建建筑楼板并设置材质。

① 打开本例源文件"别墅项目四.rvt"。
② 首先显示一层的地坪层，为了给建筑层留出厚度空间，要修改地坪层的底部限制条件。隐藏二层及以上的图元，如图 10-1 所示。

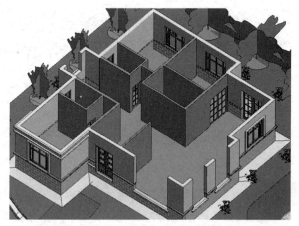

图 10-1　显示一层的地坪层

③ 选中地坪层，在【属性】选项板的【限制条件】下，在【自标高的高度】栏输入"-100.0"，使地坪层下沉 100mm，如图 10-2 所示。

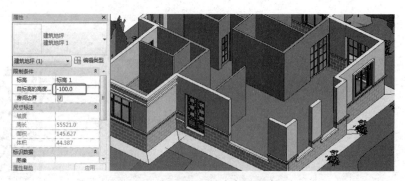

图 10-2　设置地坪层底部限制条件

④ 一层包括客厅、卧室、卫生间和杂物间等,各房间的地板材质是不一样的,需要逐一创建。切换至"标高 1"楼层平面视图。

⑤ 单击【建筑】选项卡中的【楼板:建筑】按钮,选择【楼板:常规-100mm】地板类型,然后利用【直线】或【矩形】工具在一层客厅和餐厅绘制楼层边界(沿轴线绘制),如图 10-3 所示。

> **技巧点拨**
> 在实际施工时,铺设地板砖是在房间边界内,也就是楼层边界进行的,但这里为了方便绘制,所以在轴线上绘制。此外,选择楼板类型后,最好单击【编辑类型】按钮,打开【类型属性】对话框时,复制并重命名新类型为"客厅、餐厅-100mm"。这样,在后续创建其他房间地板时,才不会因修改结构而影响到前面的地板类型。

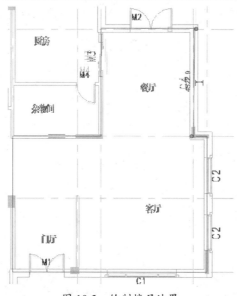

图 10-3 绘制楼层边界

⑥ 在【属性】选项板中单击【编辑类型】按钮,弹出【类型属性】对话框。复制并重命名类型为"客厅、餐厅-100mm"。单击对话框中【结构】类型参数的【编辑】按钮,打开【编辑部件】对话框,按如图 10-4 所示设置楼层结构。

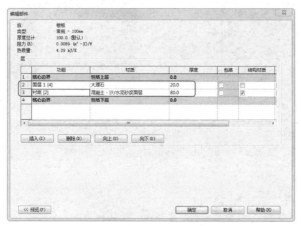

图 10-4 设置楼层结构

> **技术要点**
>
> 大理石材质是通过在 AutoCAD 材质库中的【石料】子库中找到并添加到材质列表中的，如图 10-5 所示。

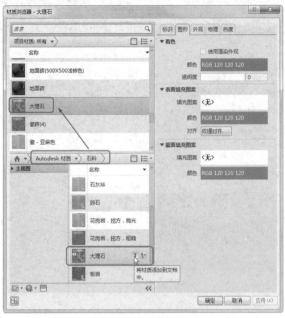

图 10-5　选择材质

⑦ 设置楼层结构后返回【修改|编辑边界】选项卡中，单击【完成编辑模式】按钮，完成客厅地板的创建，如图 10-6 所示。想要看见地板材质，切换至三维视图，并且在状态栏中选择"真实"视觉样式，如图 10-7 所示。

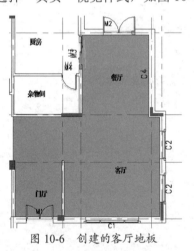

图 10-6　创建的客厅地板

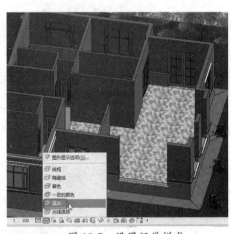

图 10-7　设置视觉样式

⑧ 重新设置视觉样式为"着色"，继续卧室、厨房、卫生间和杂物间地板（建筑楼板）的创建。厨房和杂物间是相邻的，可以使用同一地板材质，绘制的厨房和杂物间的地板及结构如图 10-8 所示。

> **技术要点**
>
> 如果要在"标高 1"视图中看见设置的地板材质，可以直接设置视觉样式为"真实"。

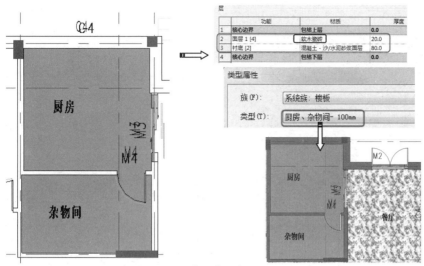

图 10-8　创建厨房和杂物间的地板及结构

⑨　两个卧室的地板材质为木地板，绘制的地板边界及结构材质如图 10-9 所示。

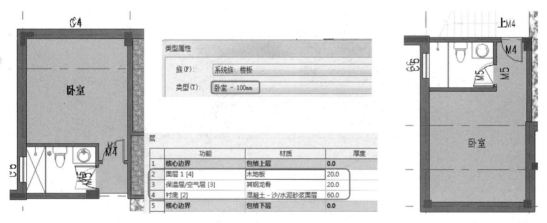

图 10-9　创建卧室地板

⑩　卫生间的地板高度要比其他房间低 50~100mm，在设置结构时相应地减少厚度即可。事实上，在施工中，卫生间地坪需要先下沉 100mm 或更高值，便于安装卫浴设备。创建的卫生间地板及结构设置如图 10-10 所示。

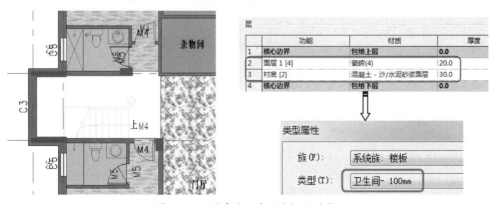

图 10-10　创建的卫生间地板及结构

⑪ 最后创建楼梯间的地板，如图 10-11 所示。

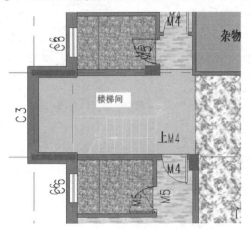

图 10-11　创建楼梯间的地板

⑫ 单击鼠标右键，选择【在整个项目中】命令，选中整个别墅项目的 120mm 内墙，如图 10-12 所示。

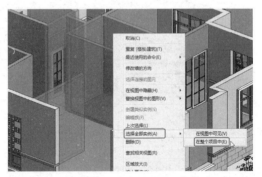

图 10-12　选中 120mm 内墙

⑬ 在【属性】选项板中单击【编辑类型】按钮，按如图 10-13 所示编辑 120mm 内墙结构。给内墙"刷"上白色涂料。

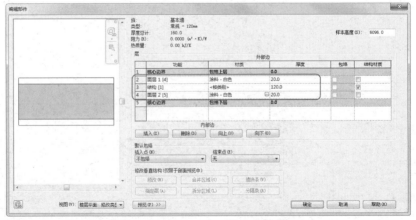

图 10-13　编辑 120mm 内墙的结构

⑭ 同样，选择整个项目中的 180mm 内墙，并编辑其墙体结构，如图 10-14 所示。

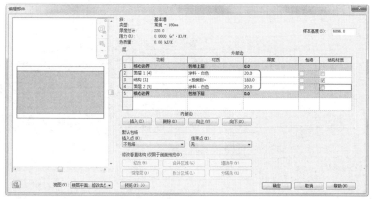

图 10-14 编辑 180mm 内墙结构

⑮ 放置房间的家具构件。在【建筑】选项卡的【构建】面板中,单击【构件】|【放置构件】按钮,将 Revit 族库下【建筑】|【家具】子库中的家具族一一放置到各房间中,也可以从本例源文件"别墅项目家具族"中载入家具族。放置完成的家具摆设如图 10-15 所示。

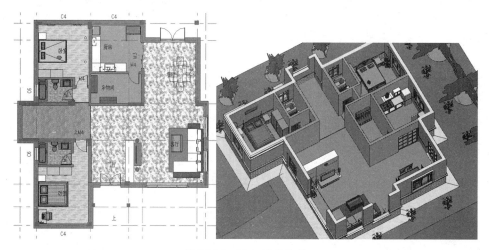

图 10-15 添加家具构件

⑯ 创建一层顶部的天花板。为了节省时间,统一各房间的天花板材质。切换到"标高 2"平面视图,利用【天花板】工具,以【绘制天花板】的方式绘制天花板边界来创建天花板,如图 10-16 所示。

图 10-16 创建一层顶部的天花板

⑰ 再利用【放置构件】工具，将吊灯及其他灯饰添加至天花板及墙壁上，如图10-17所示。

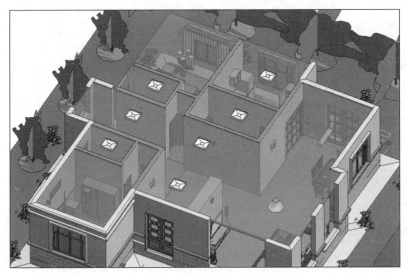

图10-17 添加灯具

⑱ 完成第一层的建筑楼板、天花板及构件的设计后，二层及三层的设计读者可自行完成，根据房间的不同功能来放置相应的家具、灯具及电器设备等。

10.2 柱、阳台及屋顶设计

本次练习进行结构柱、建筑柱的设计，因为别墅中有几个阳台是由结构柱支撑的。

案例——结构柱、建筑柱设计

① 创建大门外的门厅，其大样图如图10-18所示。之后，再结合一层平面图来建模。

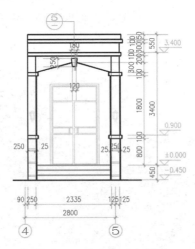

图10-18 大门门厅大样图

② 切换至"标高1"视图。单击【柱：建筑】按钮，选择【矩形柱】类型，单击【编辑类型】按钮，在打开的【类型属性】对话框中选择"300×300mm"【类型】，设置深度值和宽度值均为300mm。

③ 在类型参数【材质】右侧的【值】栏中单击，在【材质浏览器】对话框中选择"砖石建筑-混凝土砌块"材质，如图10-19所示。

④ 在【属性】选项板的【限制条件】下设置底部偏移和顶部偏移，如图10-20所示。

 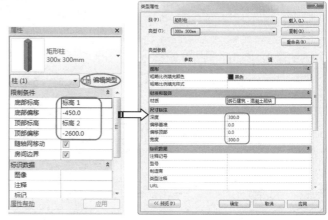

图 10-19　为建筑柱选择材质　　　　图 10-20　设置限制条件

⑤ 在一层平面图中放置3根建筑柱（前门2根，后门1根），按Esc键完成建筑柱的创建，如图10-21所示。

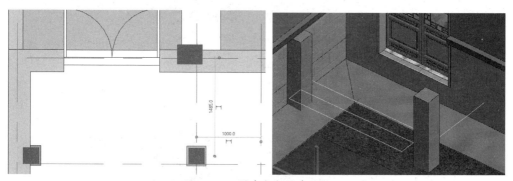

图 10-21　创建完成的建筑柱

⑥ 在3根柱子重合的位置再创建"400×400mm"的建筑柱（也是3根建筑柱），【属性】选项板中的设置如图10-22所示，材质为"砖石建筑-立砌砖层"。

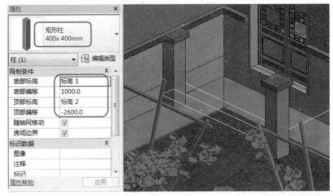

图 10-22 创建建筑柱

⑦ 在 3 根柱子重合的位置再创建 "300×300mm（1）" 的建筑柱（也是 3 根建筑柱），【属性】选项板中的设置如图 10-23 所示，材质为 "砖石建筑-黄涂料"。

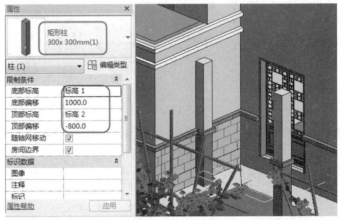

图 10-23 创建建筑柱

⑧ 继续创建建筑柱，在相同的位置再创建 3 根 "400×400mm（1）" 的建筑柱（只创建前门 2 根建筑柱，后门不创建），【属性】选项板中的设置如图 10-24 所示，材质为 "涂层-白色"。

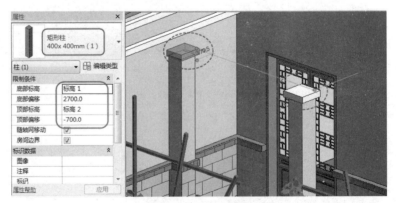

图 10-24 创建建筑柱

⑨ 最后创建 2 根矩形建筑柱，【类型】为 "250×250mm"，【属性】选项板中的设置如图 10-25 所示，材质为 "涂层-白色"。

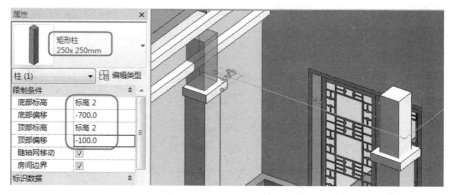

图 10-25 创建建筑柱

⑩ 切换至"标高 2"视图,利用【墙:结构】工具,选择"常规-120mm"类型,绘制如图 10-26 所示的墙体。

技术要点

这里的墙体要承重,所以不能使用建筑墙。

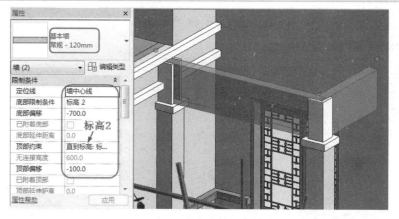

图 10-26 创建 120mm 墙体

⑪ 再利用【楼板:结构】工具创建类型为"常规-100mm"的结构楼板,如图 10-27 所示。

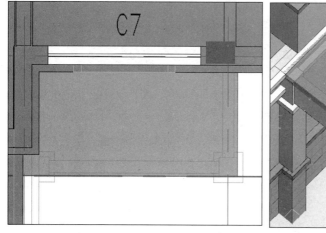
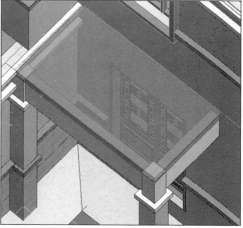

图 10-27 创建结构楼板

⑫ 再利用【墙：建筑】工具，选择"弹涂陶粒砖墙250"类型，绘制如图10-28所示的墙体。

> **技术要点**
> 这里的墙体无须承重，可用建筑墙。

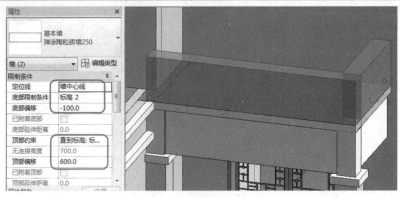

图10-28 创建250mm墙体

⑬ 利用【墙：饰条】工具，在创建的墙体上添加墙饰条，如图10-29所示。

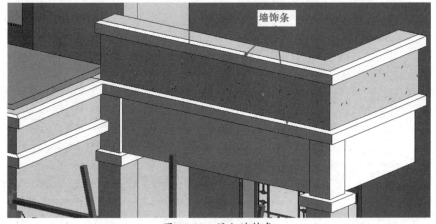

图10-29 添加墙饰条

⑭ 切换视图为南立面视图。双击120mm墙体，修改轮廓边界，如图10-30所示。

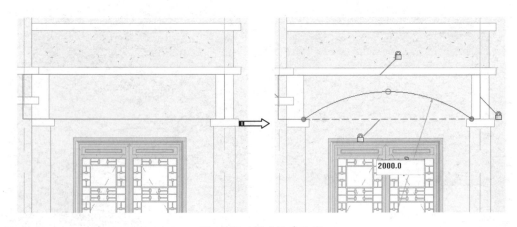

图10-30 修改轮廓边界

⑮ 修改墙体前后对比如图10-31所示。

10 楼地层、楼梯及栏杆设计

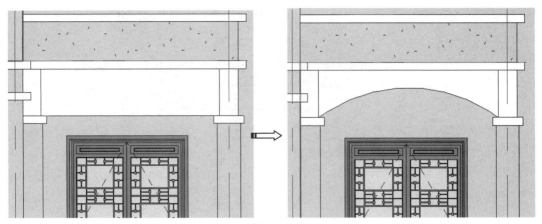

图 10-31 修改墙体的前后对比

⑯ 同理，切换至东立面视图。修改侧面的墙体轮廓，如图 10-32 所示。修改后的墙体效果如图 10-33 所示。

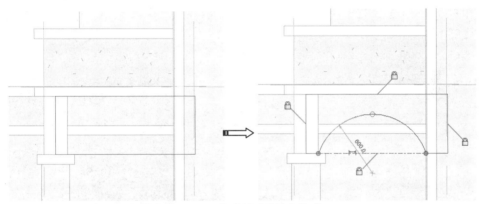

图 10-32 修改侧面的墙体轮廓

图 10-33 修改后的墙体效果

案例——阳台设计

① 创建后大门的阳台。切换三维视图、旋转视图到后门一侧。选中创建的建筑柱，在【属性】选项板中修改限制条件，如图 10-34 所示。

图 10-34 修改限制条件

② 利用【墙：结构】工具，选择"常规-120mm"类型，绘制如图 10-35 所示的墙体。

> **技术要点**
> 这里的墙体要承重，所以使用结构墙。

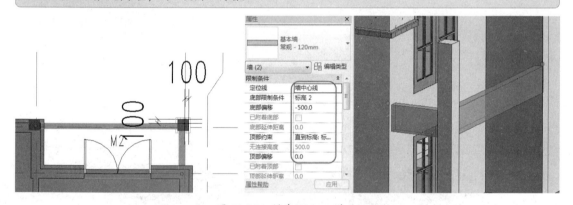

图 10-35 创建 120mm 墙体

③ 创建结构楼板，如图 10-36 所示。

图 10-36 创建结构楼板

④ 利用【墙：饰条】工具创建墙饰条，如图 10-37 所示。

10 楼地层、楼梯及栏杆设计

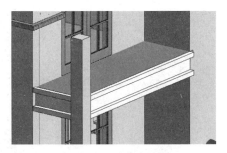

图 10-37 创建墙饰条

⑤ 利用【复制】工具复制"400×400mm"矩形柱,选中复制的矩形柱,在其【属性】选项板中修改限制条件,如图 10-38 所示。

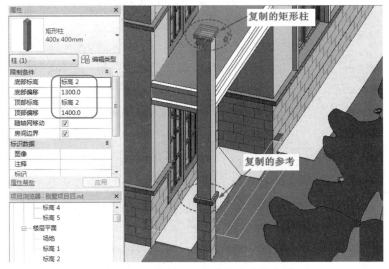

图 10-38 复制矩形柱并修改限制条件

⑥ 在矩形柱基础之上,再创建"250×250mm"的矩形柱,材质为"涂层-外部-渲染-米色,平滑",如图 10-39 所示。

图 10-39 创建矩形柱

⑦ 在前门左侧的外墙创建两根"300×300mm"的矩形柱,如图 10-40 所示。

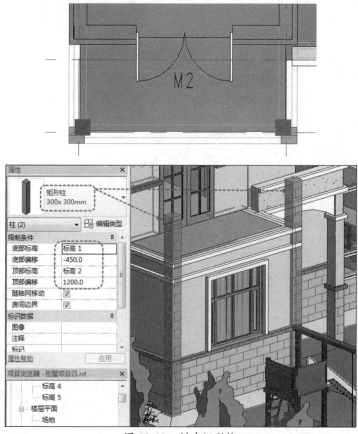

图 10-40 创建矩形柱

⑧ 利用【复制】工具，复制前门的"400×400mm"矩形柱，然后修改其限制条件，如图 10-41 所示。

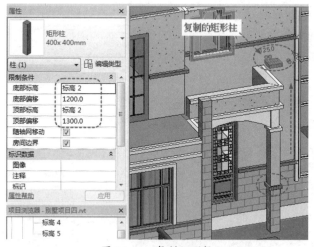

图 10-41 复制矩形柱

⑨ 切换至"标高 2"视图，然后将复制的矩形柱移动到"300×300mm"矩形柱的位置，如图 10-42 所示。

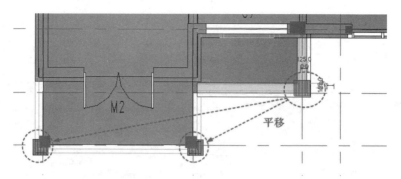

图 10-42 移动复制的矩形柱

⑩ 同理,创建 2 根"白色涂层 250×250mm"的矩形柱,如图 10-43 所示。

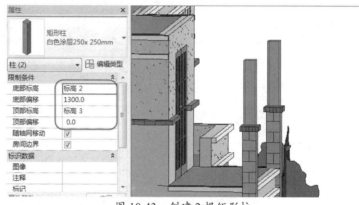

图 10-43 创建 2 根矩形柱

⑪ 利用【墙:结构】工具,在"标高 2"视图中绘制如图 10-44 所示的"常规-120mm"结构墙体。

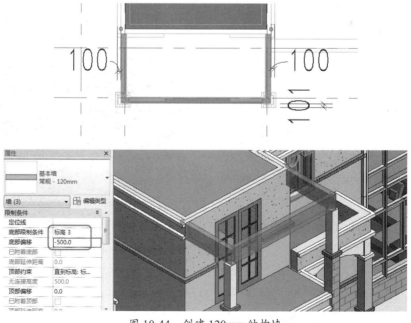

图 10-44 创建 120mm 结构墙

⑫ 创建"常规-100mm"的结构楼板和墙饰条,如图10-45所示。

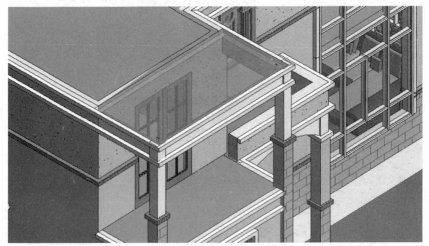

图10-45 创建结构楼板和墙饰条

⑬ 利用【连接】工具,连接墙体与墙体、墙饰条与墙饰条、矩形柱与矩形柱、矩形柱与墙饰条等。

案例——屋顶设计

本例有3个屋顶,二层1个,三层2个。

① 利用【墙体:建筑】工具,在"标高3"视图上创建类型为"弹涂陶粒砖墙250"的墙体,如图10-46所示。

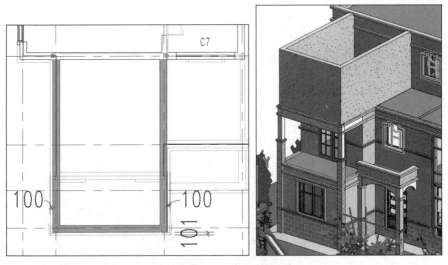

图10-46 创建墙体

② 切换至南立面视图,利用【拉伸屋顶】工具,设置如图10-47所示的工作平面,并绘制草图。

10 楼地层、楼梯及栏杆设计

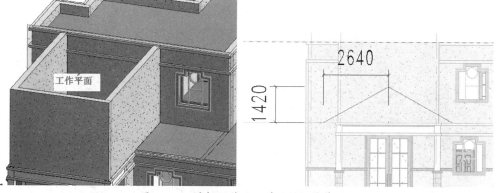

图 10-47 选择工作平面并绘制拉伸草图

③ 在【属性】选项板中单击【编辑类型】按钮，然后编辑类型结构，如图 10-48 所示。

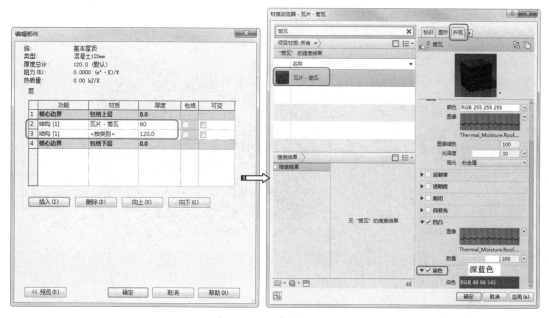

图 10-48 编辑类型结构

④ 设置拉伸终点和屋顶类型，如图 10-49 所示。

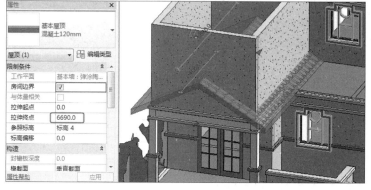

图 10-49 设置属性

⑤ 选中 3 面墙体，在激活的【修改|墙】上下文选项卡中单击【附着 顶部/底部】按钮，再

选择拉伸屋顶进行附着，结果如图 10-50 所示。

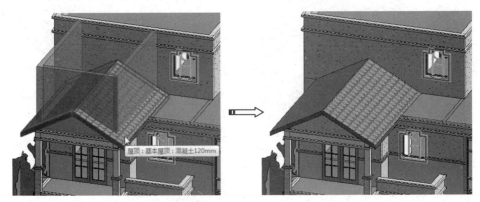

图 10-50　编辑墙体的附着

⑥　切换至"标高 4"楼层平面视图，然后绘制一段墙体，如图 10-51 所示。

图 10-51　绘制一段墙体

⑦　单击【迹线屋顶】按钮，选择与拉伸屋顶相同的屋顶类型，然后绘制如图 10-52 所示的屋顶迹线。

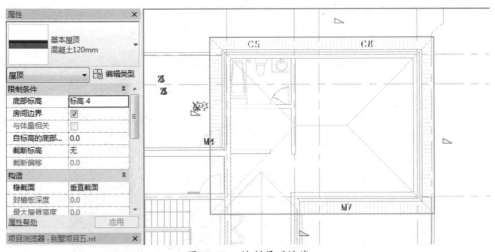

图 10-52　绘制屋顶迹线

⑧　单击【完成编辑模式】按钮，完成迹线屋顶的创建，如图 10-53 所示。

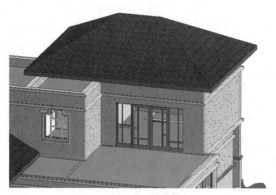

图 10-53 创建迹线屋顶

⑨ 切换至南立面视图。利用【拉伸屋顶】工具,选择迹线屋顶底部结构的端面为工作平面,绘制如图 10-54 所示的草图。设置【拉伸终点】为 "2 320",如图 10-55 所示。

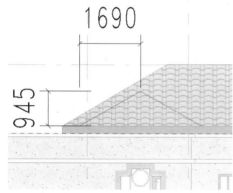

图 10-54 绘制拉伸草图

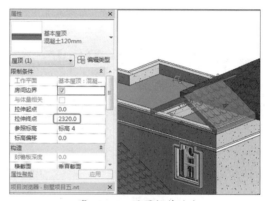

图 10-55 设置拉伸终点

⑩ 在【几何图形】面板中单击【连接/取消连接屋顶】按钮,按信息提示先选取人字形拉伸屋顶的边以及大屋顶斜面作为连接参照,随后自动完成连接,结果如图 10-56 所示。

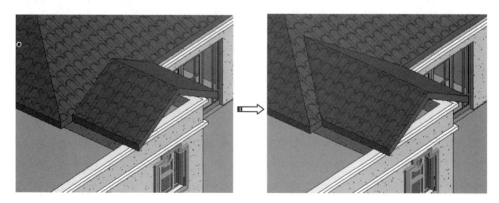

图 10-56 连接人字形屋顶与迹线屋顶

⑪ 选中三层楼的 3 段墙体,将其附着到拉伸屋顶,如图 10-57 所示。
⑫ 保存项目文件为 "别墅项目五"。

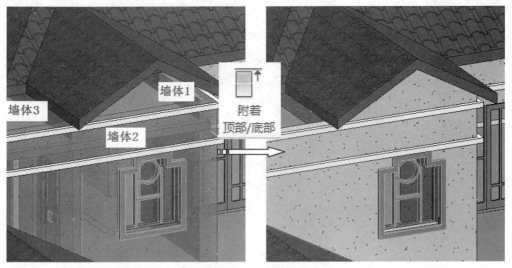

图 10-57　将所选墙体附着到拉伸屋顶

10.3　楼梯、坡道和栏杆设计

至此，别墅的建模工作仅剩下楼梯及栏杆设计了。

案例——设计楼梯

要创建楼梯，必须先创建楼梯间的洞口。

① 打开本例源文件"别墅项目五.rvt"。

② 切换至"场地"楼层平面视图，利用【洞口】面板中的【竖井】工具，在楼梯间位置绘制洞口草图，如图 10-58 所示。

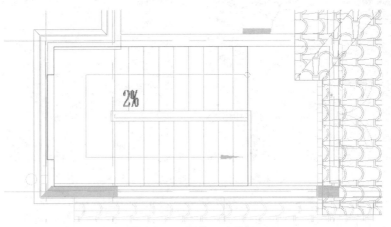

图 10-58　绘制洞口草图

③ 单击【完成编辑模式】按钮 ✓，并按 Esc 键结束，完成洞口的创建，如图 10-59 所示。

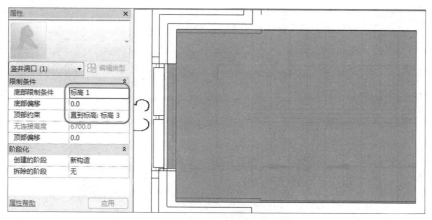

图 10-59　创建楼梯间洞口

④ 创建标高 1~标高 2 之间的楼梯，创建楼梯时直接参考 CAD 图纸即可。切换至"场地"视图。在【楼梯坡道】面板中选择【楼梯（按构件）】命令，在【属性】选项板中选择【现场浇注楼梯：整体浇筑楼梯】类型，单击【编辑类型】按钮，设置楼梯的计算规则，如图 10-60 所示。

⑤ 在【属性】选项板的【限制条件】下设置【底部标高】为"标高 1"，设置【顶部标高】为"标高 2"，设置【所需踢面数】为"21"，然后以【直梯】形式绘制梯段，如图 10-61 所示。

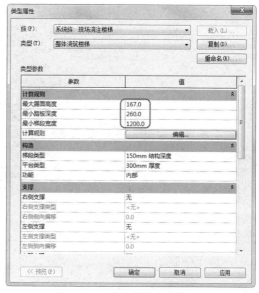

图 10-60　设置楼梯的计算规则

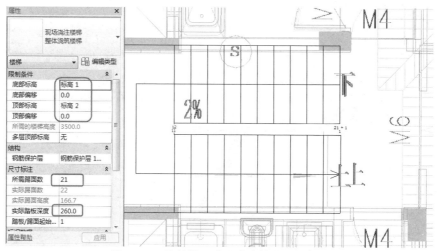

图 10-61　绘制梯段并设置楼梯的限制条件

> **技术要点**
>
> 注意：楼梯踏步起步位置和终止位置都要多出一步。原因是下面半跑要比上面半跑多出一步（为11级踏步），上半跑是10级踏步，总高是3 500mm，每步约为167mm。而终止位置多出一步是要与标高2至标高3之间的楼梯扶手连接，更何况楼板厚度只有150mm，踏步高度为167mm，会出现17mm的缝隙。

⑥ 单击【完成编辑模式】按钮 ✓，完成楼梯的创建，如图10-62所示。然后删除靠墙的楼梯扶手。

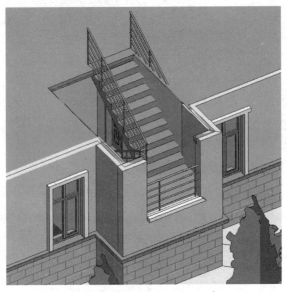

图10-62 设计的楼梯

⑦ 由于楼梯平台的扶手连接处不平滑，需要修改扶手的曲线，如图10-63所示。

⑧ 切换为"场地"视图，双击扶手，显示扶手路径曲线，编辑路径曲线，如图10-64所示。

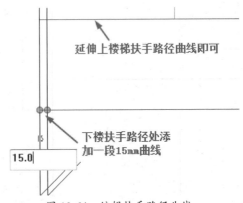

图10-63 需要修改的平台扶手　　图10-64 编辑扶手路径曲线

⑨ 编辑完扶手路径曲线后，在【属性】选项板中重新选择新的扶手类型，这里选择"中式木栏杆1"，单击【编辑类型】按钮，打开【类型属性】对话框，设置"平台高度调整"选项，如图10-65所示。

⑩ 修改完成的楼梯扶手如图10-66所示。

10 楼地层、楼梯及栏杆设计

图 10-65 设置栏杆类型参数

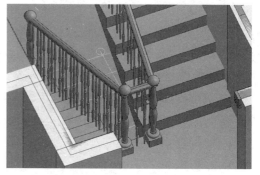

图 10-66 修改完成的楼梯扶手

⑪ 此外，还要修改下楼梯位置的扶手曲线，效果如图 10-67 所示。

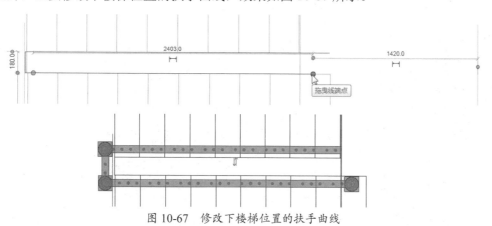

图 10-67 修改下楼梯位置的扶手曲线

> **技术要点**
> 修改此处的扶手，是为了便于与上一层楼梯起步的扶手进行连接。

⑫ 同理，按此方法在标高 2 至标高 3 之间创建总高度为 3 200mm 的楼梯（共 20 级踏步），如图 10-68 所示。

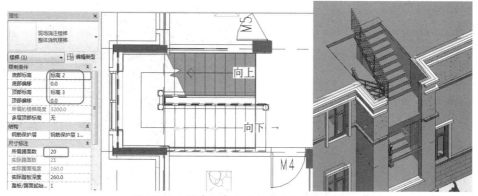

图 10-68 创建标高 2 至标高 3 之间的楼梯

237

⑬ 同样要修改平台上的扶手,如图 10-69 所示。

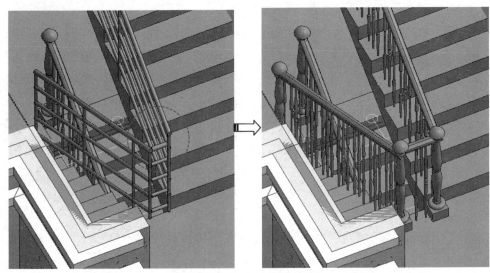

图 10-69　修改平台上的扶手

案例——设计台阶

① 切换为"标高 1"视图。在前门门厅口创建地坪。借助一层的 CAD 参考图纸,利用【楼板:建筑】工具,创建如图 10-70 所示的踏步平台,并编辑类型属性。

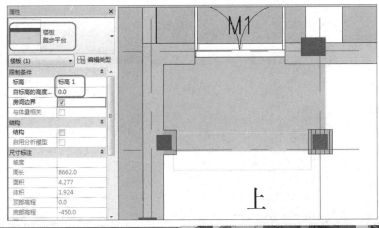

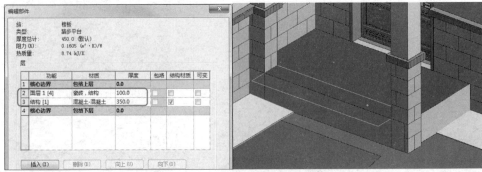

图 10-70　创建前门门厅的踏步平台

② 利用【墙:饰条】工具,编辑类型属性,复制并重命名门厅踏步类型,设置【轮廓】和【材质】,如图 10-71 所示。

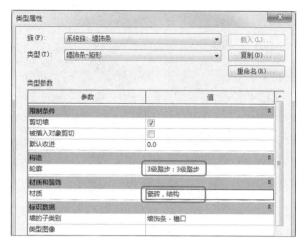

图 10-71　设置类型属性

③ 将踏步暂时放置在大门外墙,如图 10-72 所示。

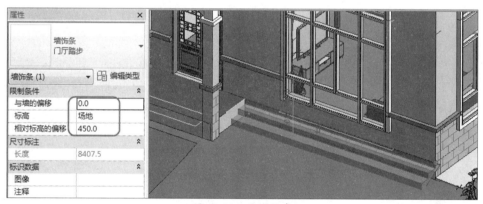

图 10-72　放置踏步

④ 利用【对齐】工具,将踏步平移至踏步平台外沿进行对齐,如图 10-73 所示。

图 10-73　对齐踏步与踏步平台外沿

⑤ 利用【连接】工具连接踏步与踏步平台。同理,按此方法在后门创建踏步平台和踏步,如图 10-74 所示。

> **技术要点**
>
> 如果要创建两两斜接的踏步,可编辑其中一个踏步的【修改转角】,设置转角为90°,选择踏步的端面即可创建转角,即与另一踏步斜接。

图 10-74　创建后大门的踏步平台和踏步

案例——围墙栏杆设计

① 创建整个别墅小院的围墙,这里也用创建栏杆的方式进行创建。
② 切换至"场地"视图,利用【模型线】中的【矩形】工具,在草坪边界绘制矩形参考线,如图 10-75 所示。

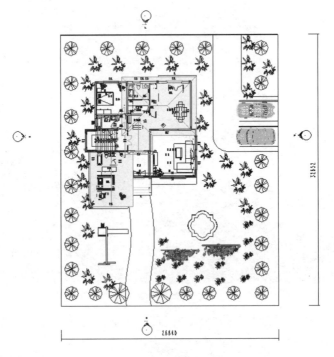

图 10-75　绘制矩形参考线

③ 利用【墙：建筑】工具，选择【叠层墙1】作为墙体类型，在矩形参考线上绘制墙体，如图 10-76 所示。

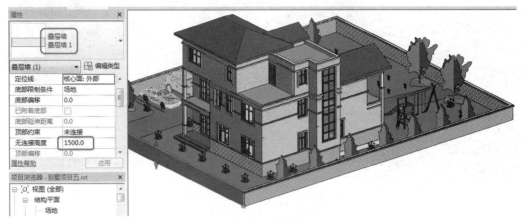

图 10-76 创建墙体

④ 在停车场道路和人行道路出口位置修改墙体，如图 10-77 所示。

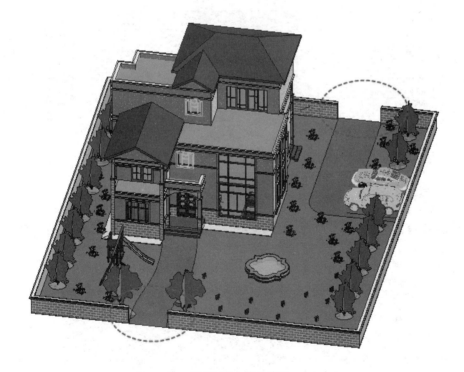

图 10-77 修改墙体

⑤ 利用【门】工具，将本例源文件夹【别墅项目族】中的"铁艺门-室外大门.rfa"族载入，并放置到停车场道路的墙体缺口位置，如图 10-78 所示。

⑥ 同理，将"铁艺门-双扇平开.rfa"门族放置在前面小路的围墙缺口，如图 10-79 所示。

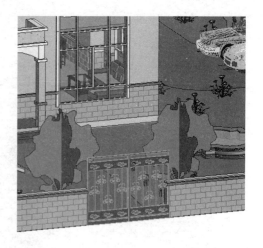

图 10-78　放置到停车场道路的墙体缺口位置的铁艺门　　图 10-79　放置在前面小路的围墙缺口的铁艺门

⑦ 利用【柱：建筑】工具，在前面铁门两侧放置建筑柱（类型为"现代柱2"，在本例源文件中），如图 10-80 所示。

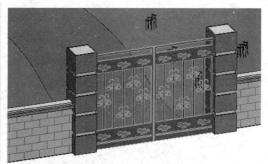

图 10-80　放置建筑柱

⑧ 再利用【柱：建筑】工具创建建筑柱，选择"250×250mm"的矩形柱，重新复制并命名为"黄色涂层 250×250mm"，材质为"涂料-黄色"，设置限制条件，将建筑柱放置在围墙转角处，如图 10-81 所示。

图 10-81　创建"黄色涂层 250×250mm"的建筑柱

⑨ 利用【复制】工具,将"250×250mm"的建筑柱依次按复制距离"4 500"进行复制,得到最终的围墙上所有的建筑柱,如图10-82所示。

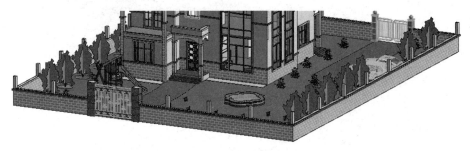

图10-82 复制建筑柱

⑩ 切换视图为"标高1",选择【建筑】选项卡下【楼梯坡道】面板中的【绘制路径】命令,沿围墙中心线绘制栏杆路径曲线,选择【园艺栏杆】类型并设置限制条件,创建的围墙栏杆如图10-83所示。

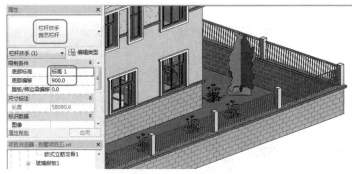

图10-83 创建围墙栏杆

⑪ 同理,完成其余围墙栏杆的创建。

案例——阳台栏杆设计

① 创建"标高2"视图中(第二层)的阳台栏杆。

② 选择【建筑】选项卡下【楼梯坡道】面板中的【绘制路径】命令,沿围墙中心线绘制栏杆路径曲线,如图10-84所示。

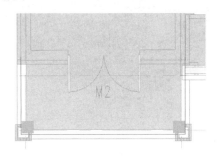

图10-84 绘制阳台栏杆路径曲线

③ 选择【欧式石栏杆1】类型并编辑类型,在【类型属性】对话框中单击【栏杆位置】选项的【编辑】按钮,在【编辑栏杆位置】对话框中设置栏杆支柱参数,如图10-85所示。

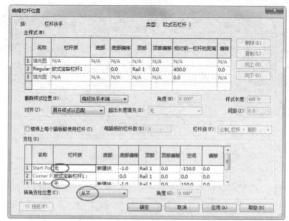

图10-85　编辑栏杆位置属性

④ 创建的阳台栏杆如图10-86所示。

图10-86　创建阳台栏杆

⑤ 同理,在其他阳台上也创建相同的栏杆类型。创建完成的效果如图10-87所示。

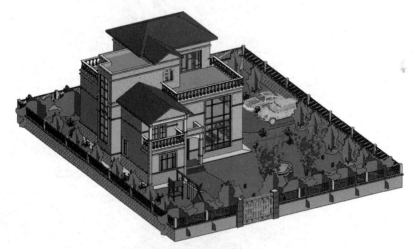

图10-87　创建完成的栏杆

⑥ 至此,别墅建筑项目的模型创建阶段全部结束,保存项目为"别墅项目六"。

11

钢筋混凝土结构设计

建筑结构设计包括钢筋混凝土结构设计、钢结构和木结构设计。本章将利用 Revit Structure（结构设计）模块进行建筑混凝土结构设计。

 项目分解

☑ 结构设计基础
☑ Revit 基础结构设计案例
☑ Revit 混凝土钢筋设计与布置

扫码看视频

11.1 结构设计基础

建筑结构是房屋建筑的骨架,该骨架由若干基本构件通过一定的连接方式构成整体,能安全可靠地承受并传递各种荷载和各种间接作用。

注:"作用"是指能使结构或构件产生效应(内力、变形、裂缝等)的各种原因的总称。作用可分为直接作用和间接作用。

11.1.1 建筑结构类型

在房屋建筑中,组成结构的构件有板、梁、屋架、柱、墙、基础等。

1. 按体型划分

按体型划分,建筑结构包括单层结构、多层结构(一般为 2~7 层)、高层结构(一般为 8 层以上)及大跨度结构(跨度为 40~50m 及以上)等,如图 11-1 所示。

单层结构

多层结构

高层结构

大跨度结构

图 11-1 按体型划分的建筑结构类型

2. 按材料划分

按材料划分,建筑结构包括钢筋混凝土结构、钢结构、砌体结构、木结构及塑料结构等,如图 11-2 所示。

钢筋混凝土结构

钢结构

砌体结构

木结构

塑料结构

图 11-2 按材料划分的建筑结构类型

3. 按结构形式划分

按结构形式划分,建筑结构可分为墙体结构、框架结构、深梁结构、筒体结构、拱结构、网架结构、薄壁结构(包括折板)、钢索结构、舱体结构等,如图 11-3 所示。

图 11-3　按结构形式划分的建筑结构类型

11.1.2　结构柱、结构梁及现浇楼板的构造要求

构造要求如下:

(1)异形柱框架的构造遵循 06SG331—1 标准图集,梁钢筋锚入柱内的构造按《构造详图》施工。

(2)悬挑梁的配筋构造按《构造详图》施工,凡未注明构造要求的均按 11G101—1 标准图集施工。

(3)现浇板内未注明的分布筋均为 6@200。

(4)结构平面图中板负筋长度是指梁、柱边至钢筋端部的长度,下料时应加上梁宽度。

(5)双向板的钢筋,短向筋放在外层,长向筋放在内层。

(6)楼板开孔:300mm≤洞口边长<1 000mm 时,应设钢筋加固,如图 11-4 所示;当边长小于 300mm 时可不加固,板筋应绕孔边通过。

(7)屋面检修孔孔壁图中未单独画出时,按图 11-5 施工。

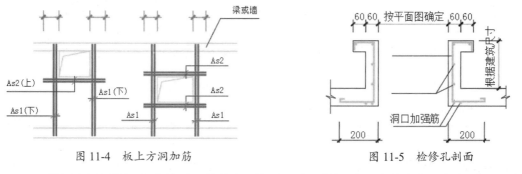

图 11-4　板上方洞加筋　　　　　　　图 11-5　检修孔剖面

(8)现浇板内埋设机电暗管时,管外径不得大于板厚的 1/3,暗管应位于板的中部。交叉

管线应妥善处理,并使管壁至板上、下边缘净距不小于 25mm。

(9)现浇楼板施工时应采取措施确保负筋的有效高度,严禁踩压负筋;砼应振捣密实并加强养护,覆盖保湿养护时间不少于 14 天;浇注楼板时,如需留缝,应按施工缝的要求设置,防止楼板开裂。楼板和墙体上的预留孔、预埋件应按照图纸要求预留、预埋;安装完毕后,孔洞应封堵密实,防止渗漏。

(10)钢筋砼构造柱的施工遵循 12G611—1 图集,构造柱纵筋应预埋在梁内并外伸 500mm,如图 11-6 所示。

(11)现浇板的底筋和支座负筋伸入支座的锚固长度按图 11-7 施工。

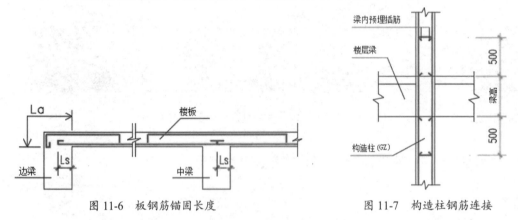

图 11-6 板钢筋锚固长度　　　　图 11-7 构造柱钢筋连接

(12)构造柱的砼后浇,柱顶与梁底交界处预留空隙 30mm,空隙用 M5 水泥砂浆填充密实。

11.1.3　Revit 结构设计工具

Revit 2018 结构设计工具在【结构】选项卡中,如图 11-8 所示。结构设计工具主要用于钢筋混凝土结构设计和钢结构设计。本章着重介绍钢筋混凝土结构设计。

鉴于使用 Revit 2018 的结构设计工具创建梁、墙、柱及楼板等的方法与前面章节中介绍的建筑梁、墙、柱及楼板是完全相同的,建筑设计与结构设计的区别是建筑设计中不含钢筋,而结构设计中的每一个构件都含钢筋。

图 11-8　Revit 2018 结构设计工具

11.2　Revit 基础结构设计案例

结构基础设计也称地下层结构设计,包含独立基础、条形基础及结构基础板。从本节开始,将以结构设计实战案例为导线,详解钢筋混凝土结构设计的每一个流程。

11.2.1 地下层桩基设计

由桩和连接桩顶的桩承台（简称承台）组成的深基础或由柱与桩基连接的单桩基础，简称桩基。若桩身全部埋于土中，承台底面与土体接触，则称为低承台桩基；若桩身上部露出地面，而承台底面位于地面以上，则称为高承台桩基。建筑桩基通常为低承台桩基。在高层建筑中，桩基础应用广泛。

案例——创建基础柱

① 启动 Revit 2018，在欢迎界面中，单击【项目】组中的【结构样板】选项，新建一个结构样板文件，然后进入 Revit 中。

② 首先要建立的是整个建筑的结构标高。在项目浏览器的【立面】项目节点下选择一个建筑立面，进入立面视图中。然后创建本例别墅的建筑结构标高，如图 11-9 所示。

> **技术要点**
> 结构标高中除了没有"场地标高"，其余标高与建筑标高是相同的，也是共用的。

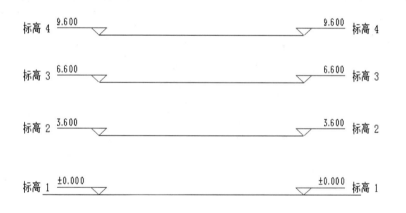

图 11-9　创建建筑结构标高

③ 在项目浏览器的【结构平面】项目节点下选择【地下层结构标高】选项，确定当前轴网的绘制平面。所绘制的轴网用于确定地下层基础顶部的结构柱、结构梁的放置位置。

④ 在【结构】选项卡的【基准】组中，单击【轴网】按钮，然后绘制如图 11-10 所示的轴网。

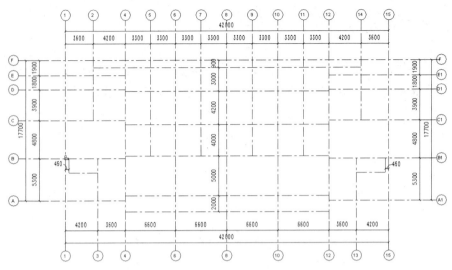

图 11-10 在"标高 1"平面视图中绘制轴网

> **技术要点**
> 左、右水平轴线编号本应是相同的,只不过在绘制轴线时是分开建立的,由于轴线编号不能重复,所以右侧的轴线编号暂用A1、B1等替代A、B等编号。

⑤ 地下层的框架结构柱类型共 10 种,其截面编号分别为 KZa、KZ1~KZ8,截面形状包括 L 形、T 形、十字形和矩形。首先插入 L 形的 KZ1 框架柱族。

⑥ 切换到"标高 1"结构平面视图。在【结构】选项卡的【结构】面板中,单击【柱】按钮,然后在弹出的【修改|放置结构柱】上下文选项卡中单击【载入族】按钮,从 Revit 的族库文件夹中找到"混凝土柱-L 形"族文件,单击打开族文件,如图 11-11 所示。

图 11-11 打开混凝土柱的族文件

⑦ 随后依次插入 L 形的 KZ1 结构柱族到轴网中,插入时在选项栏中选择"深度"和"地下层结构标高"选项,如图 11-12 所示。插入后单击【属性】面板中的【编辑类型】按钮,修改结构柱尺寸。

> **技术要点**
> 在放置不同角度的相同结构柱时,需要按 Enter 键来调整族的方向。

11 钢筋混凝土结构设计

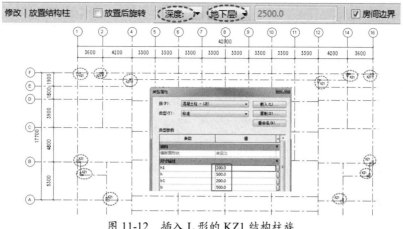

图 11-12　插入 L 形的 KZ1 结构柱族

⑧ 再次插入 KZ2 结构柱族，KZ2 与 KZ1 同是 L 形，但尺寸不同，如图 11-13 所示。

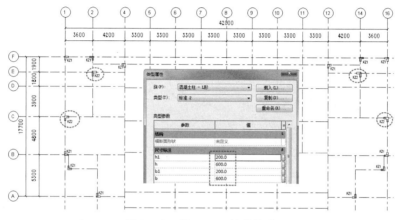

图 11-13　插入 KZ2 结构柱族

⑨ 由于是联排别墅，以⑧轴线为中心线，呈左右对称，所以后面的结构柱的插入可以先插入一半，另一半通过镜像获得。同理，加载 KZ3 结构柱族。KZ3 的形状是 T 形，尺寸跟 Revit 族库中的 T 形结构柱族是相同的，如图 11-14 所示。

⑩ KZ4 的结构柱是十字形的，其尺寸与族库中的十字形结构柱族也是相同的，如图 11-15 所示。

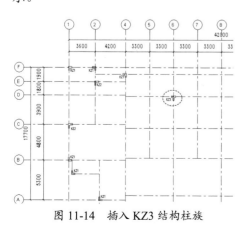

图 11-14　插入 KZ3 结构柱族

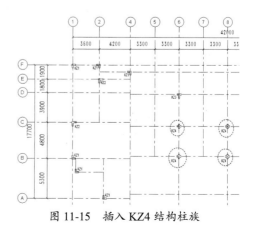

图 11-15　插入 KZ4 结构柱族

⑪ 接下来的 KZ5~KZ8 结构柱，以及 KZa 均为矩形结构柱。由于插入的结构柱数量较多，而且还要移动位置，所以此处不再一一贴图演示。读者可以参考操作视频或者结构施工图来操作，布置完成的基础结构柱如图 11-16 所示。

> **提示**
> KZ5 尺寸——300mm×400mm；KZ6 尺寸——300mm×500mm；KZ7 尺寸——300mm×700mm；KZ8 尺寸——400mm×800mm；KZa 尺寸——400mm×600mm；

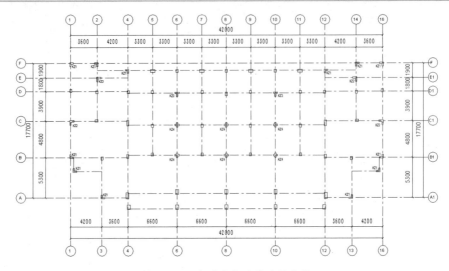

图 11-16 布置完成的基础结构柱

11.2.2 地下层独立基础、梁和板设计

本例别墅项目的基础分为独立基础和条形基础。独立基础主要承重建筑框架部分，条形基础则分为承重基础和挡土墙基础。

独立基础分为阶梯形、坡形和杯形 3 种，本例的独立基础为坡形。对于独立基础，由于结构柱较多，并且尺寸又不一致，为了节约时间，本节总体上放置两种规格尺寸的独立基础。一种是坡形独立基础，另一种是条形基础。

案例——地下层独立基础、梁和板设计

① 在【结构】选项卡的【基础】面板中单击【独立】按钮，然后从族库中载入【结构】|【基础】路径下的"独立基础-坡形截面"族文件，如图 11-17 所示。
② 编辑独立基础的类型参数，并布置在如图 11-18 所示的结构柱位置上，其中点与结构柱中点重合。

图 11-17 载入独立基础族

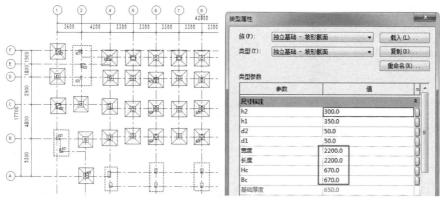

图 11-18 布置独立基础

③ 没有放置独立基础的结构柱（图 11-18 中虚线矩形框内的），是由于距离太近，为避免相互干扰，而改为放置条形基础。由于 Revit 族库中没有合适的条形基础族，所以这里提供鸿业云族 360 的族库插件给大家使用，可以在鸿业云族 360 客户端中下载适用的条形基础族，如图 11-19 所示。

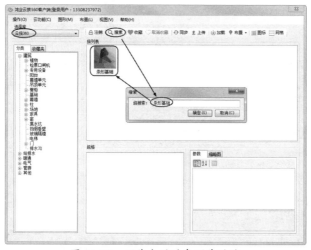

图 11-19 下载合适的条形基础族

④ 编辑条形基础属性尺寸，并放置在距离较近的结构柱位置，如图 11-20 所示。加载的条形基础会自动保存在项目浏览器【族】|【结构基础】节点下。放置时必须按 Enter 键调整放置方向。

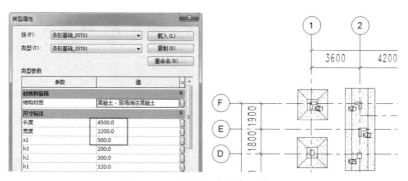

图 11-20 放置加载的条形基础

> **技术要点**
>
> 放置后可能会弹出警告，如图 11-21 所示。表示当前视图平面不可见，有可能创建在其他结构平面上。用户可以显示不同的结构平面，找到放置的条形基础，然后更改其标高为"地下层结构标高"。

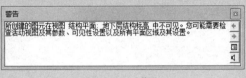

图 11-21 警告

⑤ 同理，从项目浏览器中直接拖动"条形基础_25701"族到视图中进行放置，完成其余相邻且距离较近的结构柱上的条形基础，最终结果如图 11-22 所示。

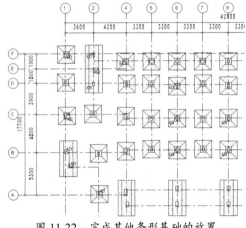

图 11-22 完成其他条形基础的放置

⑥ 选择所有的基础，然后进行镜像，得到另一半的基础，如图 11-23 所示。

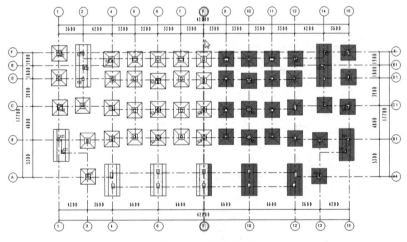

图 11-23 镜像基础

⑦ 创建基础后，还要建立结构梁，将基础连接在一起，结构梁的参数为"200×600mm"。在【结构】选项卡中单击【梁】按钮，先选择系统中"300×600mm"类型的"混凝土-矩形梁"，在地下层结构标高平面中创建结构梁，创建后修改参数，如图 11-24 所示。

> **技术要点**
>
> 创建的梁最好是柱与柱之间的一段梁,不要从左到右贯穿所有结构柱,那样会影响到后期做结构分析时的结果。

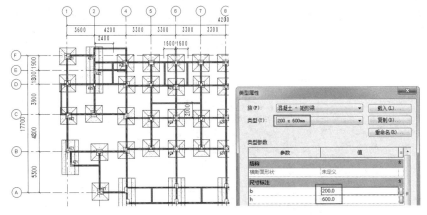

图 11-24 创建结构梁

⑧ 选择创建的结构梁,如图 11-25 所示,然后修改起点和终点的标高偏移量均为"600.0"。

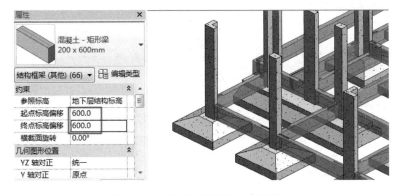

图 11-25 修改结构梁的标高偏移量

⑨ 地下层部分区域用来做车库、储物间及其他辅助房间等,需要创建结构基础楼板。在【结构】选项卡的【基础】面板中,单击【板】|【结构基础:楼板】按钮 结构基础:楼板,然后创建结构基础楼板,如图 11-26 所示。

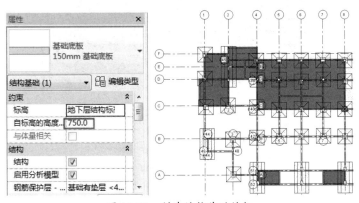

图 11-26 创建结构基础楼板

> **技术要点**
>
> 有结构楼板的房间承重较大，比如地下停车库。没有结构楼板的房间均为填土，如杂物间、储物间等，承载不是很大，所以无须全部创建结构楼板，这是基于成本控制角度考量的。

⑩ 将结构梁和结构基础楼板进行镜像，完成地下层的结构梁、结构基础设计，结果如图 11-27 所示。

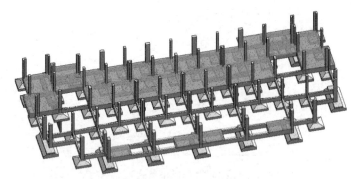

图 11-27　地下层的结构设计完成效果

11.2.3　结构墙设计

地下层有结构基础楼板的用作房间的部分区域，还要创建剪力墙，也就是结构墙体。结构墙体的厚度与结构梁保持一致——200mm。

案例——创建结构墙

① 单击【墙：结构】按钮，创建如图 11-28 所示的结构墙体。

> **注意**
>
> 墙体不要穿过结构柱，必须一段一段地创建。

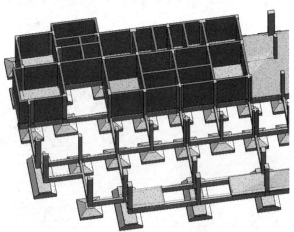

图 11-28　创建结构墙体

② 将建立的结构墙体进行镜像,如图11-29所示,完成地下层的结构设计。

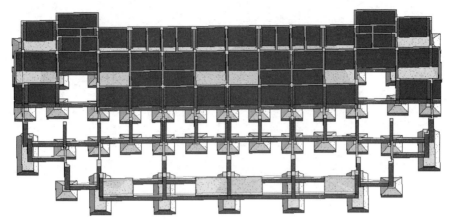

图11-29 地下层的结构设计效果图

11.2.4 结构楼板、结构柱与结构梁设计

第一层的结构设计为标高1(±0.000)的结构设计。第一层的结构其实有2层,有剪力墙的区域标高要高于没有剪力墙的区域,高度相差300mm。

第二层和第三层中的结构主体比较简单,只是在阳台处需要设计建筑反口。

一层至二层之间的结构柱已经浇注完成,下面在柱顶放置二层的结构梁。同样,也是先建立一般的结构,另一半通过镜像获得。第二层的结构梁比第一层的结构梁仅仅多了地基以外的阳台结构梁。

案例——创建一层楼板、结构柱与结构梁

① 接下来创建整体的结构梁,在地下层结构中已经完成了部分剪力墙的创建,有剪力墙的结构梁尺寸为200mm×450mm,且在标高1之上,没有剪力墙的结构梁尺寸统一为200mm×450mm,且在标高1之下。

② 首先创建标高1之上的结构梁(仅创建⑧轴线一侧的),如图11-30所示。

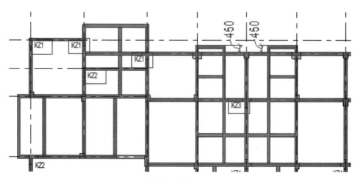

图11-30 创建标高1之上的结构梁

③ 接着创建标高 1 之下的结构梁，如图 11-31 所示。最后将标高 1 上、下所有结构梁镜像至 Ⓑ 轴线的另一侧。

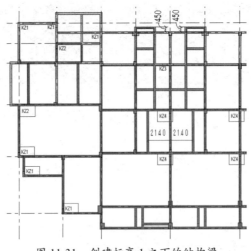

图 11-31　创建标高 1 之下的结构梁

④ 首先创建标高较低的区域结构楼板（楼板顶部标高为±0.000mm，无梁楼板厚度一般为 150mm）。

⑤ 切换结构平面视图为"标高 1"，在【结构】选项卡的【结构】面板中，单击【楼板：结构】按钮，然后选择"楼板：现场浇注混凝土 225mm"类型，创建结构楼板，如图 11-32 所示。

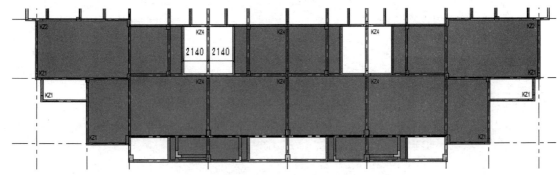

图 11-32　创建结构楼板

⑥ 在【属性】面板中单击【编辑类型】按钮，然后修改其结构参数，如图 11-33 所示。最后设置标高为"标高 1"。

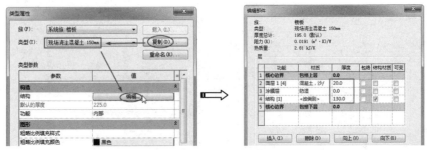

图 11-33　修改结构楼板的结构参数

⑦ 同理，再创建两处结构楼板。标高比步骤⑥创建的楼板标高低 50mm，如图 11-34 所示。这两处为阳台位置，所以比室内要低至少 50mm 以上，否则会翻水到室内。

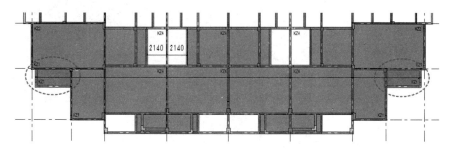

图 11-34 创建低于"标高 1" 50mm 的结构楼板

⑧ 紧接着创建顶部标高为 450mm 的结构楼板，如图 11-35 所示。

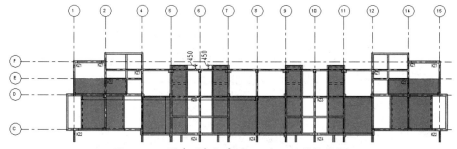

图 11-35 创建顶部标高为 450mm 的结构楼板

⑨ 最后创建标高为 400mm 的结构楼板，如图 11-36 所示。这些楼板的房间要么是阳台，要么是卫生间或厨房。创建完成的一层结构楼板如图 11-37 所示。

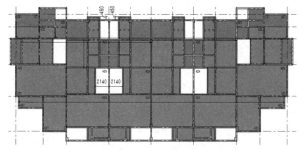

图 11-36 创建标高为 400mm 的结构楼板

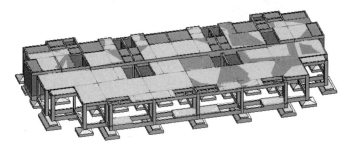

图 11-37 创建完成的一层结构楼板

⑩ 第一层的结构柱主体与地下层的相同，先把所有的结构柱直接修改其顶部标高为"标高 2"，

259

如图 11-38 所示。

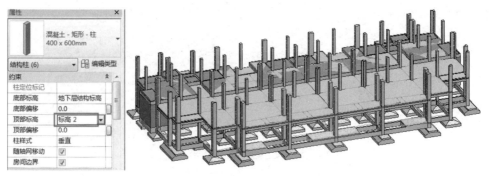

图 11-38　修改结构柱的顶部标高

⑪ 再将第一层中没有的结构柱或规格不同的结构柱全部选中，重新修改其顶部标高为"标高 1"，如图 11-39 所示。

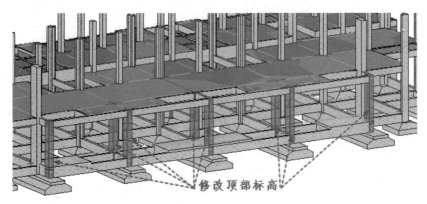

图 11-39　修改不同的结构柱顶部标高

⑫ 随后依次插入 KZ3（T 形）、KZ5、LZ1（L 形：500mm×500mm）的 3 种结构柱，底部标高为"标高 1"，顶部标高为"标高 2"，如图 11-40 所示。

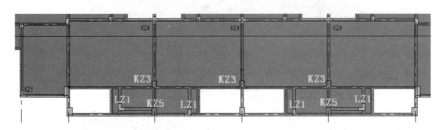

图 11-40　插入新的结构柱

⑬ 至此，第一层结构设计完成。

案例——创建二层结构梁、结构柱及结构楼板

① 切换到"标高 2"结构平面视图，在【结构】选项卡的【结构】面板中，单击【梁】工具，建立与一层主体结构梁相同的部分，如图 11-41 所示。

② 接下来建立与第一层不同的结构梁，如图 11-42 所示。

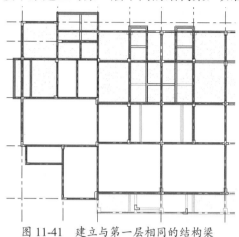
图 11-41 建立与第一层相同的结构梁

图 11-42 建立与第一层不同的结构梁

③ 由于与第一层的结构不完全相同，有一根结构柱并没有结构梁放置，所以要把这根结构柱的顶部标高重新设置为"标高 1"，如图 11-43 所示。

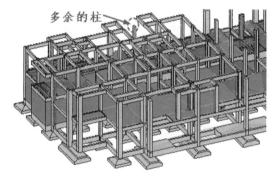
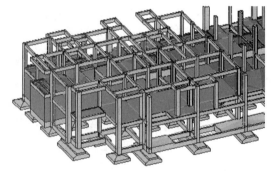

图 11-43 处理一根结构柱

④ 接着铺设结构楼板。先建立顶部标高为"标高 2"的结构楼板（现浇楼板厚度修改为 100mm），如图 11-44 所示。再建立低于"标高 2"50mm 的结构楼板，如图 11-45 所示。

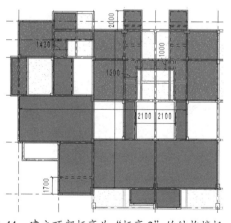
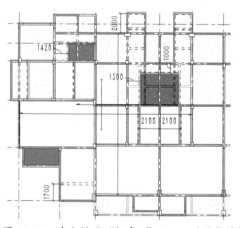

图 11-44 建立顶部标高为"标高 2"的结构楼板　　图 11-45 建立低于"标高 2"50mm 的结构楼板

⑤ 下面设计各大门上方反口（或雨棚）的底板，同样是结构楼板构造，建立的反口底板如图 11-46 所示。

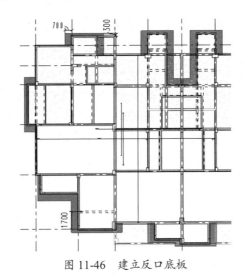

图 11-46 建立反口底板

⑥ 将创建完成的结构楼板、结构梁进行镜像,完成第二层的结构设计,如图 11-47 所示。

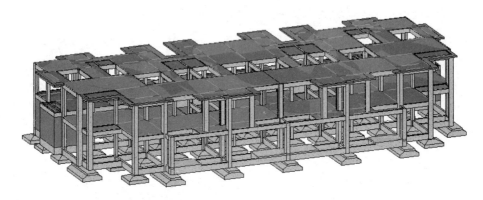

图 11-47 第二层的结构设计效果图

案例——创建三层结构柱、结构梁和结构楼板

① 接下来设计第三层的结构柱、结构梁和结构楼板。先将第二层的部分结构柱的顶部标高修改为"标高 3",如图 11-48 所示。

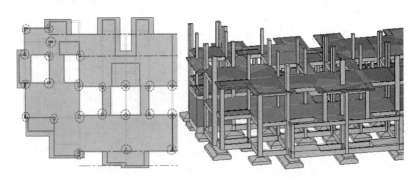

图 11-48 修改部分结构柱的顶部标高

② 添加新的结构柱 LZ1 和 KZ3,如图 11-49 所示。

③ 在"标高 3"结构平面上创建与一层、二层相同的结构梁，如图 11-50 所示。

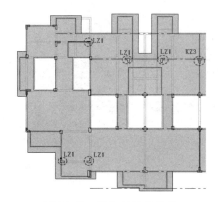

图 11-49　添加新的结构柱

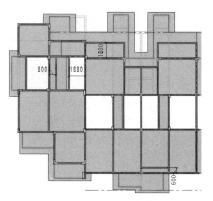

图 11-50　建立第三层结构梁

④ 先创建顶部为"标高 3"的结构楼板，如图 11-51 所示。

⑤ 再创建低于"标高 3"50mm 的卫生间结构楼板，如图 11-52 所示。

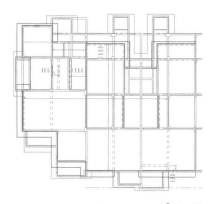

图 11-51　创建顶部为"标高 3"的结构楼板

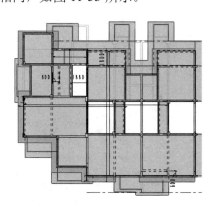

图 11-52　创建低于"标高 3"50mm 的卫生间结构楼板

⑥ 继续创建第三层的反口底板，尺寸与第二层相同，如图 11-53 所示。

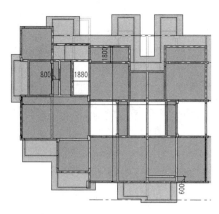

图 11-53　创建反口底板

⑦ 最后将结构梁、结构柱和结构楼板进行镜像，完成第三层的结构设计，如图 11-54 所示。

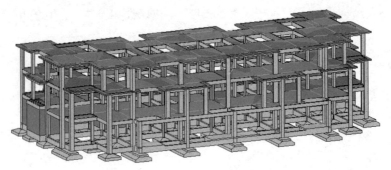

图 11-54　第三层的结构设计效果图

11.2.5　结构楼梯设计

一、二、三层的整体结构设计差不多完成了,只是连接每层之间的楼梯也是需要现浇混凝土浇筑的,每层的楼梯形状和参数都是相同的。每栋别墅的每一层都有两部楼梯,分别为 1#楼梯和 2#楼梯。

案例——楼梯设计

① 首先创建地下层到一层的 1#结构楼梯。切换到东立面视图,测量地下层结构楼板顶部标高到"标高 1"的距离(3 250mm),这是楼梯的总标高,如图 11-55 所示。

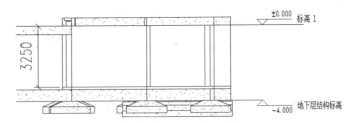

图 11-55　测量楼梯的总标高

② 切换到"标高 1"结构平面视图,可以看见 1#楼梯洞口下的地下层位置是没有楼板的,这是因为待楼梯设计完成后,根据实际的剩余面积来创建地下层楼梯间的部分结构楼板,如图 11-56 所示。

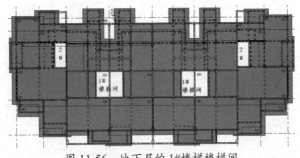

图 11-56　地下层的 1#楼梯楼梯间

③ 1#楼梯总共设计为 3 跑，为直楼梯。地下层 1#楼梯设计如图 11-57 所示。根据实际情况，楼梯的步数会发生一些小变化。

④ 根据设计图中的参数，在【建筑】选项卡的【楼梯坡道】面板中单击【楼梯（按构建）】按钮，在【属性】面板中选择【现场浇注楼梯：整体浇注楼梯】类型，然后绘制楼梯，如图 11-58 所示。三维效果图如图 11-59 所示。

图 11-57 地下层 1#楼梯设计图

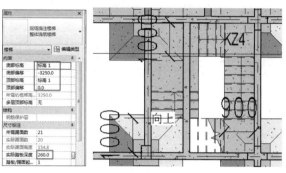

图 11-58 绘制楼梯

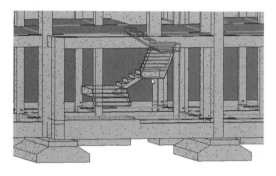

图 11-59 楼梯三维效果图

> **技术要点**
> 绘制时，第一跑楼梯与第二跑楼梯不要相交，否则会失败。

⑤ 接着设计第一层到第二层之间的 1#结构楼梯。楼梯标高是 3 600mm，如图 11-60 所示。

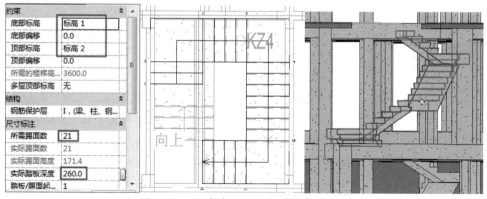

图 11-60 创建第一层到第二层的 1#楼梯

⑥ 最后设计第二层到第三层的 1#楼梯，楼层标高为 3 000mm。在"标高 2"结构平面视图中创建，如图 11-61 所示。

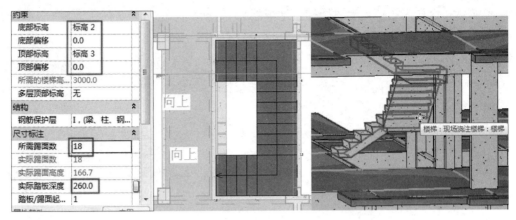

图 11-61　创建第二层到第三层的 1#楼梯

⑦ 2#楼梯与 1#楼梯形状相似，只是尺寸有些不同，这取决于留出的洞口。创建方法是完全相同的。2#楼梯设计图和楼层标高如图 11-62 所示。

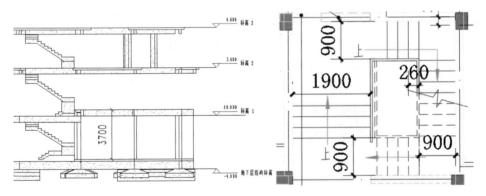

图 11-62　2#楼梯设计图和楼层标高

⑧ 创建的地下层 2#楼梯如图 11-63 所示。

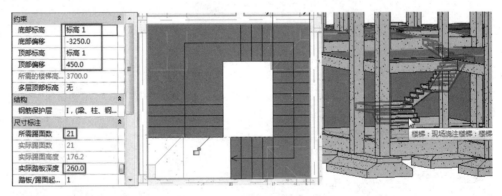

图 11-63　创建地下层的 2#楼梯

⑨ 接着设计第一层到第二层之间的 2#结构楼梯。楼梯标高是 3 150mm，如图 11-64 所示。

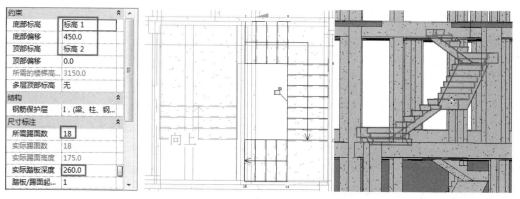

图 11-64 创建第一层到第二层的 2#楼梯

⑩ 最后设计第二层到第三层的 2#楼梯，楼层标高为 3 000mm。在"标高 2"结构平面视图中创建，如图 11-65 所示。

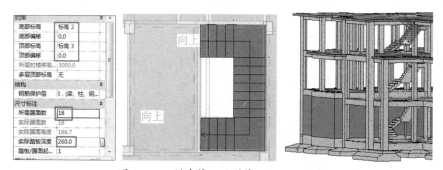

图 11-65 创建第二层到第三层的 2#楼梯

⑪ 将 3 部 1#楼梯镜像到相邻的楼梯间中。

⑫ 最后将创建的 9 部楼梯镜像至另一栋别墅中，如图 11-66 所示。

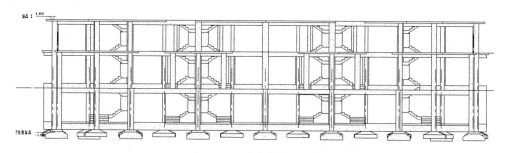

图 11-66 创建完成的楼梯

11.2.6　结构屋顶设计

顶层的结构设计稍微复杂一些，多了人字形屋顶和迹线屋顶的设计，并且顶层的标高也会不一致。

案例——顶层结构设计

① 将三层的部分结构柱的顶部标高修改为"标高 4",如图 11-67 所示。

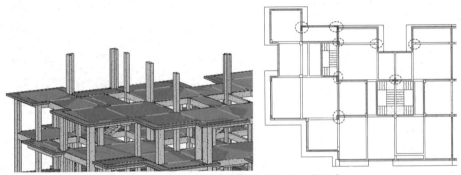

图 11-67 修改三层的部分结构柱的顶部标高

② 按如图 11-68 所示的图纸添加 LZ1 和 KZ3 结构柱。

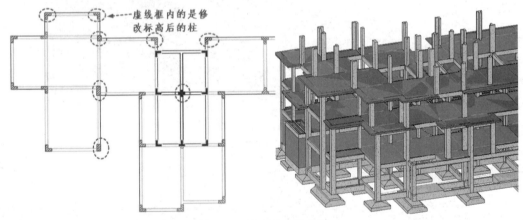

图 11-68 添加其他结构柱

③ 按图 11-68 在"标高 4"中创建结构梁,如图 11-69 所示。

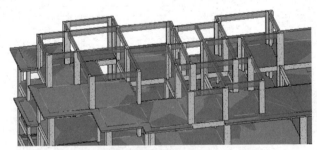

图 11-69 创建"标高 4"的结构梁

④ 创建如图 11-70 所示的结构楼板。接下来创建反口底板,如图 11-71 所示。

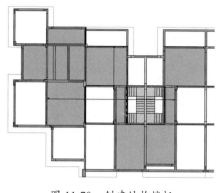
图 11-70 创建结构楼板

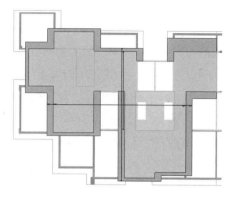
图 11-71 创建反口底板

⑤ 选择部分结构柱，修改其顶部标高，如图 11-72 所示。

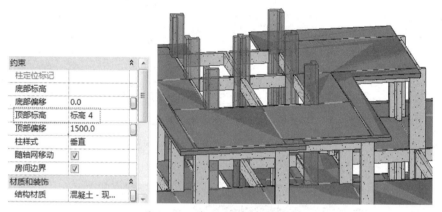
图 11-72 修改结构柱顶部标高

⑥ 在修改标高的结构柱上创建最顶层的结构梁，如图 11-73 所示。

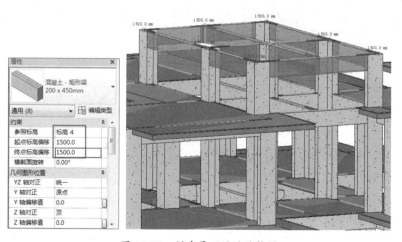
图 11-73 创建最顶层的结构梁

⑦ 在南立面视图中的最顶层设计人字形拉伸屋顶，屋顶类型及屋顶截面曲线如图 11-74 所示。

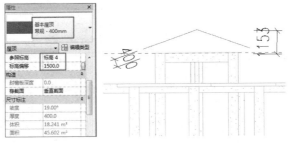

图 11-74 绘制拉伸屋顶曲线

⑧ 创建完成的拉伸屋顶如图 11-75 所示。

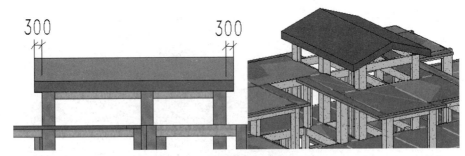

图 11-75 创建完成的拉伸屋顶

⑨ 最后将"标高 4"及以上的结构进行镜像,完成联排别墅的结构设计,如图 11-76 所示。

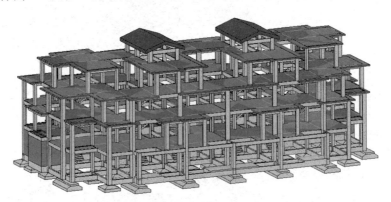

图 11-76 最终完成的联排别墅结构设计模型

11.3 Revit 混凝土钢筋设计与布置

Revit 钢筋设计工具在【结构】选项卡的【钢筋】面板中,如图 11-77 所示。在本节的钢筋设计中,除了利用钢筋设计工具进行常见的板筋、柱筋设计,还将利用 Revit 官方钢筋插件 Revit Extensions(速博插件)来设计钢筋(本章源文件夹附带速博插件)。

Revit Extensions(速博插件)还可以用于结构钢架、屋顶、轴网等的设计。利用此插件比直接在 Revit 中添加钢筋要容易得多。可以到官网免费下载此插件,其安装过程与 Revit 相同。

安装 Revit Extensions 2018（速博插件）后，会在 Revit 2018 界面功能区中新增一个【Autodesk Revit Extensions】选项卡，速博插件设计工具如图 11-78 所示。

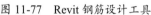

图 11-77 Revit 钢筋设计工具　　　　　图 11-78 速博插件设计工具

本节通过一个实例来说明 Revit 钢筋工具的基本用法。本实例是一个学校门岗楼的结构设计案例，房屋主体结构已经完成，如图 11-79 所示。

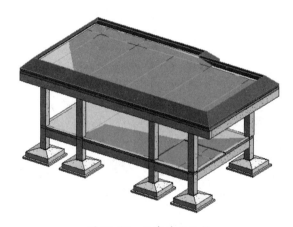

图 11-79 门岗建筑结构

11.3.1　利用 Revit 钢筋工具添加基础钢筋

门岗楼的独立基础结构图与钢筋布置示意图如图 11-80 所示。

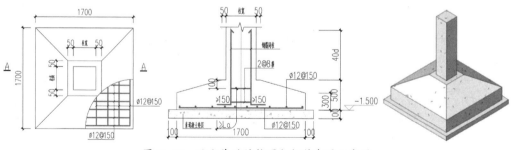

图 11-80 独立基础结构图与钢筋布置示意图

案例——添加基础钢筋

① 打开本例源文件"门卫岗亭.rvt"文件。

② 首先创建独立基础的剖面视图，切换至东立面视图，如图 11-81 所示。

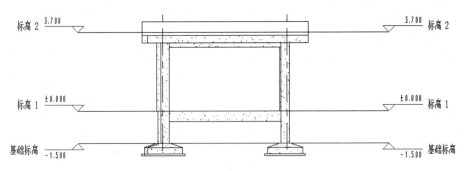

图 11-81　切换至东立面视图

③ 在【视图】选项卡下单击【剖面】按钮，在一个独立基础上创建一个剖面图，如图 11-82 所示。由于需要剖切水平方向的平面，所以选中剖面图符号并旋转 90°，得到正确的剖切方向，如图 11-83 所示。

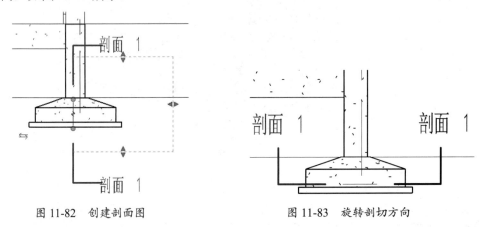

图 11-82　创建剖面图　　　　　图 11-83　旋转剖切方向

④ 在项目浏览器下的【剖面】项目节点下可以看见新建立的"剖面 1"视图，双击此剖面，切换到剖面图视图，如图 11-84 所示。

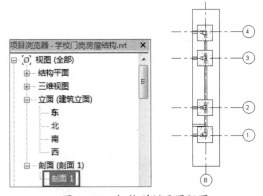

图 11-84　切换到剖面图视图

⑤ 只需要为其中一个独立基础添加钢筋，其他独立基础直接复制添加的钢筋即可。从前面提供的钢筋布置图中可以看出底板 XY 方向配筋为⌀12 且间距为 150mm。

⑥ 首先设置钢筋保护层。在【钢筋】面板中选择【钢筋保护层设置】命令，弹出【钢筋保护层设置】对话框，修改【基础有垫层】的厚度为 25.0mm，如图 11-85 所示。

⑦ 在【钢筋】面板中单击【保护层】按钮，选中要设置保护层的独立基础，然后在选项栏中选择之前定义的保护层设置，如图 11-86 所示。

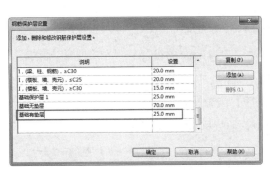

图 11-85 设置钢筋保护层

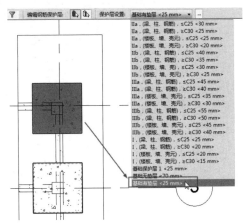

图 11-86 为基础选择保护层设置

> **技巧点拨**
> 设置钢筋保护层后，随后配置的钢筋在独立基础中均自动留出保护层厚度。

⑧ 选中要添加钢筋的独立基础，在其上下文选项卡中单击【钢筋】按钮，在弹出的【钢筋形状浏览器】面板中选择不带钩的 01#直筋，然后放置钢筋。如图 11-87 所示为绘制钢筋布置草图。

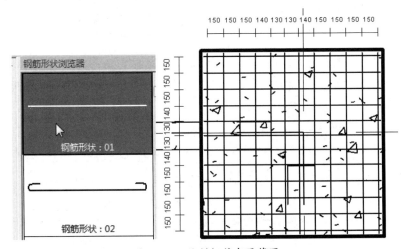

图 11-87 绘制钢筋布置草图

⑨ 切换至三维视图，选中一根钢筋，在【属性】面板中重新选择钢筋规格类型为 12 HRB400，如图 11-88 所示。

> **技巧点拨**
> 要想看见添加的钢筋，可在绘图窗口底部单击【视觉样式】按钮，展开视觉样式下拉列表，并选择其中的【图形显示选项】选项，在打开的【图形显示选项】对话框中设置模型显示的透明度即可。

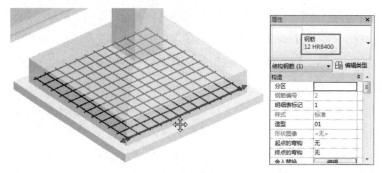

图 11-88　选择基础底板钢筋的规格

⑩ 接下来添加独立基础的柱筋。切换到东立面视图，将剖面图符号移动到独立基础的柱上，如图 11-89 所示。

⑪ 切换到剖面 1 视图。选中独立基础，单击【钢筋】按钮，在【钢筋形状浏览器】面板中选择"钢筋形状：33"，然后将箍筋添加到柱中，箍筋规格为"8HRB400"。如图 11-90 所示。

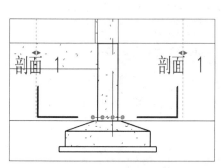

图 11-89　改变剖面剖切位置

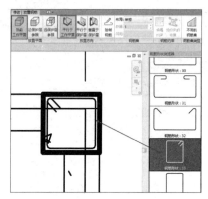

图 11-90　添加箍筋

⑫ 接着选择"钢筋形状 09"，设置【放置方向】为"平行于保护层"，放置 4 条 L 形柱筋，如图 11-91 所示。放置后，将 4 条柱纵筋规格设置为"20HRB400"，即直径为 20mm，混凝土强度为 HRB400（III 级）。

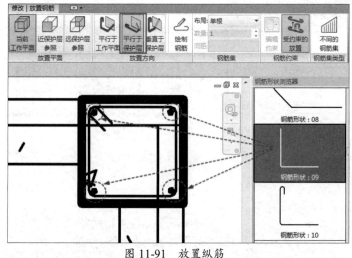

图 11-91　放置纵筋

⑬ 切换到三维视图，可看到配置的柱筋和箍筋不在正确的位置，需要在东立面视图中整体向下移动，正好置于底板 XY 向配筋之上，如图 11-92 所示。

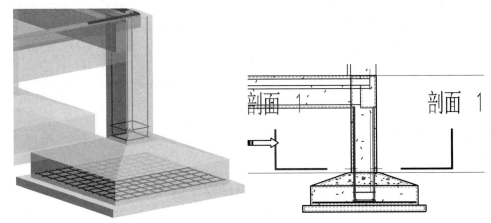

图 11-92 显示旋转中心点和控制柄

⑭ 此时，4 条纵筋的底部全向内，这是不可取的，需要将方向调整为全部向外。在东立面视图中调整剖面的剖切位置到底板，然后切换到剖面 1 视图，将纵筋底部的方向全部调整为斜向外，如图 11-93 所示。

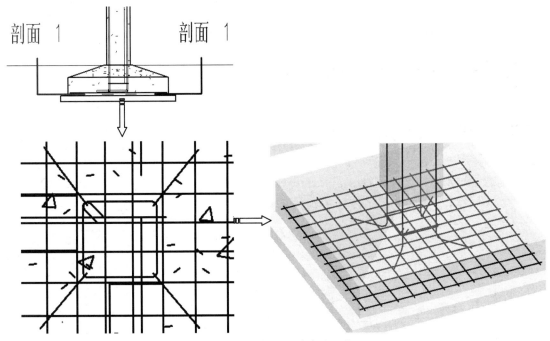

图 11-93 调整柱纵筋脚的方向

> 技巧点拨
> 在旋转时，把旋转点拖移到纵筋顶部中心位置。

⑮ 切换到东立面视图，将 4 条纵筋依次选中并拖动控制点向上拉伸，超出结构梁，两条略长，另外两条略短，如图 11-94 所示。

⑯ 最后向上复制箍筋，如图 11-95 所示。

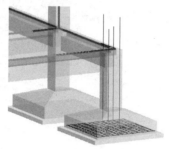　　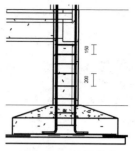

图 11-94　拉伸箍筋长度　　　　　　图 11-95　复制箍筋

⑰　独立基础箍筋添加完成的效果如图 11-96 所示。切换到基础标高结构平面视图,将添加的单条基础的所有钢筋复制到其余基础上。

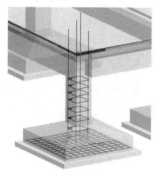

图 11-96　独立基础箍筋添加完成的效果

11.3.2　利用速博插件添加梁钢筋

案例——利用速博插件添加梁钢筋

①　首先选中一条结构梁,然后在【Extensions】选项卡的【AutoCAD Revit Extensions】面板中展开【钢筋】工具列表,再选择【梁】命令,弹出【梁配筋】对话框,如图 11-97 所示。

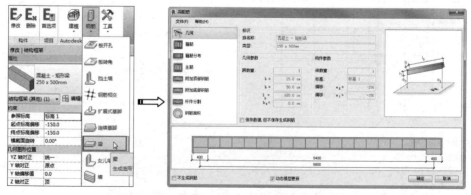

图 11-97　打开速博插件的【梁配筋】对话框

②　在【几何】界面中,显示 Revit 自动识别所选梁构件后的几何参数,后面会根据几何参数

进行钢筋配置。

③ 选择 箍筋 选项,进入【箍筋】设置界面,具体设置如图 11-98 所示。

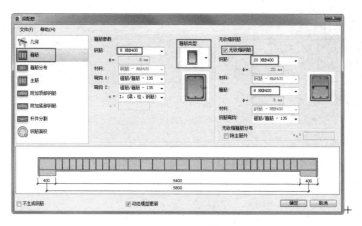

图 11-98 设置箍筋

④ 选择 箍筋分布 选项,进入【箍筋分布】设置界面,具体设置如图 11-99 所示。

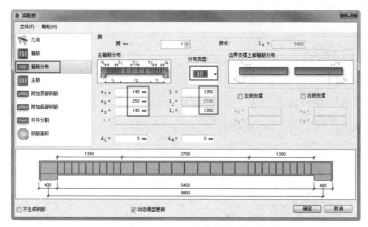

图 11-99 设置箍筋分布

⑤ 选择 主筋 选项,进入【主筋】设置界面,具体设置如图 11-100 所示。

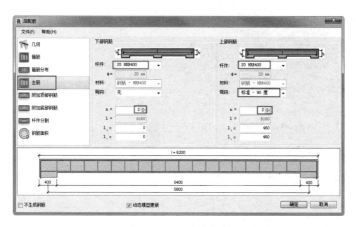

图 11-100 设置主筋

⑥ 其他界面中的设置保持不变，直接单击对话框底部的【确定】按钮，或者按 Enter 键，即可自动添加钢筋，如图 11-101 所示。

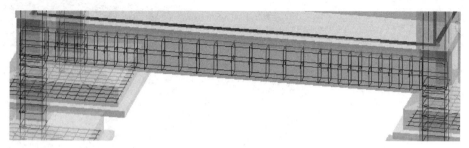

图 11-101 自动添加梁钢筋

⑦ 同理，选择第一层（标高 1）中其他相同尺寸的结构梁来添加同样的梁筋。

11.3.3 利用 Revit 添加板筋

结构楼板的板筋为⌀8@200，受力筋和分布筋间距均为 200mm。

案例——添加区域板筋

① 首先为一层的结构楼板添加保护层。切换到"标高 1"结构平面视图，选中结构楼板，单击【保护层】按钮，设置的保护层如图 11-102 所示。

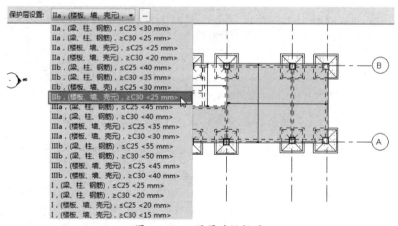

图 11-102 设置的保护层

② 在【结构】选项卡的【钢筋】面板中单击【区域】按钮，然后选择一层的结构楼板，再在【属性】面板中设置板筋参数，本例楼层只设置一层板筋即可，如图 11-103 所示。

③ 接着绘制楼板边界曲线作为板筋的填充区域，如图 11-104 所示。

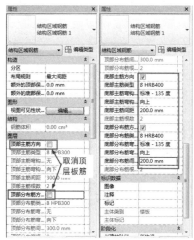
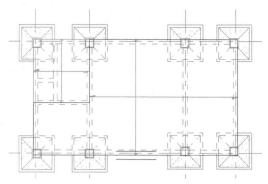

图 11-103　设置板筋参数　　　　图 11-104　绘制板筋的填充区域

④ 单击【完成编辑模式】按钮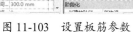，完成板筋的添加，如图 11-105 所示。

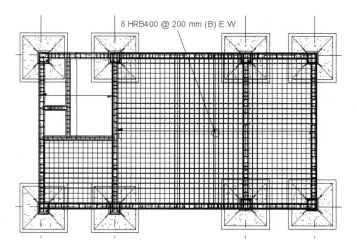

图 11-105　完成板筋的添加

⑤ 同理，再添加卫生间的楼板板筋，如图 11-106 所示。

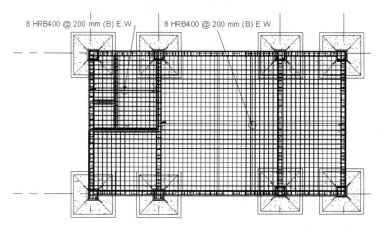

图 11-106　添加卫生间的楼板板筋

案例——添加负筋

当受力筋和分布筋添加完成后，还要添加支座负筋（俗称的"扣筋"）。负筋是使用【路径】钢筋工具来创建的。下面仅介绍一排负筋的添加，负筋的参数为∅10@200。

① 仍然在"标高1"平面视图中操作。在【钢筋】面板中单击【路径】按钮，然后选中一层的结构楼板作为参照。

② 首先在【属性】面板中设置负筋的属性，如图11-107所示。

③ 然后在【修改|创建钢筋路径】上下文选项卡中选择【直线】工具来绘制路径直线，如图11-108所示。

 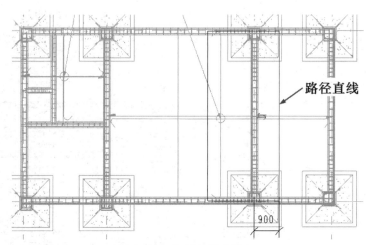

图11-107　设置负筋属性　　　　图11-108　绘制路径直线

④ 退出上下文选项卡，完成负筋的添加，如图11-109所示。

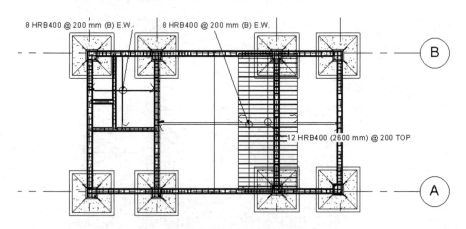

图11-109　完成负筋的添加

⑤ 同理，添加其余梁跨之间的支座负筋（其他负筋参数基本一致，只是长度不同），完成结果如图11-110所示。

11 钢筋混凝土结构设计

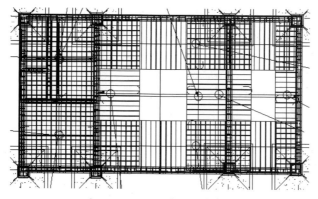

图 11-110　添加其他支座负筋

11.3.4　利用速博插件添加柱筋

利用速博插件添加柱筋十分便捷，仅需设置几个基本参数即可。

案例——添加柱筋

① 首先选中一根结构柱，然后在【Extensions】选项卡的【AutoCAD Revit Extensions】面板中展开【钢筋】工具列表，再选择【柱】工具，弹出【柱配筋】对话框，如图 11-111 所示。

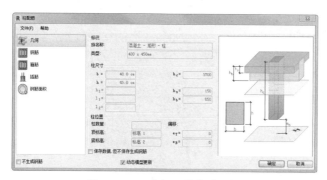

图 11-111　【柱配筋】对话框

② 选择【钢筋】选项，参数设置如图 11-112 所示。

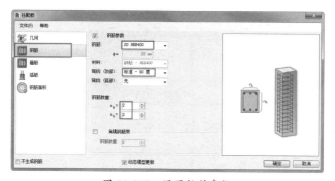

图 11-112　设置柱筋参数

③ 选择【箍筋】选项，箍筋参数设置如图11-113所示。

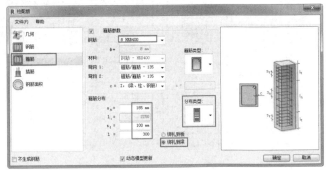

图11-113　设置箍筋参数

④ 选择【插筋】选项，取消选中【插筋】复选框，即不设置插筋，如图11-114所示。

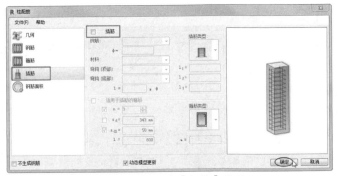

图11-114　取消【插筋】设置

⑤ 最后单击【确定】按钮，自动将柱筋添加到所选的结构柱上，如图11-115所示。
⑥ 同理，添加其余结构柱的柱筋。

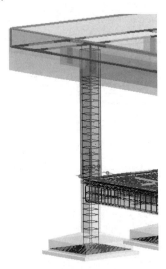

图11-115　添加的柱筋

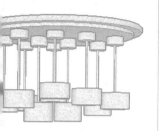

12

VRay
真实场景渲染

VRay for SketchUp 2018 渲染器能与 SketchUp 完美地结合，渲染出高质量的图片。在 SketchUp 软件中也可以打开 Revit 模型。本章通过讲解各种场景中的真实渲染案例，全面介绍 VRay 在渲染过程中的参数设置与效果输出。

- ☑ 展览馆中庭空间渲染案例
- ☑ 室内厨房渲染案例
- ☑ 休闲空间渲染案例
- ☑ 室内客厅布光案例

扫码看视频

12.1 展览馆中庭空间渲染案例

本案例以某展览馆的中庭空间作为渲染对象,目的是让读者掌握在室内进行室外布光的技巧。

本案例将参考一张效果原图进行分析,然后确定渲染方案及操作。本案例渲染参考图如图 12-1 所示。观察参考图,可以发现本案例需要创建一个与渲染参考图中视角相同的场景,如图 12-2 所示。接下来在 SketchUp 中利用 VRay 渲染器对中庭空间进行渲染。如图 12-3 和图 12-4 所示分别为初次渲染效果图,以及添加人物和其他摆设后的最终渲染效果图。

本案例的源文件"室内中庭.skp"已经完成了材质的应用,接下来的操作主要以布光、调色及后期处理为主。

图 12-1　参考图

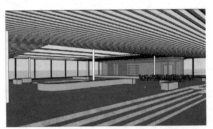

图 12-2　模型场景

图 12-3　初次渲染效果图

图 12-4　最终渲染效果图

案例——创建场景和添加组件

源文件模型中并没有人物及其他植物组件,需要从材质库中调入进行应用。

1. 创建场景

① 打开本例源文件模型"室内中庭.skp",如图 12-5 所示。

② 调整好视图角度和相机位置,然后执行【视图】/【两点透视】命令,如图 12-6 所示。

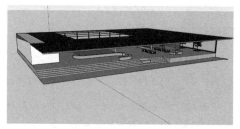

图 12-5　打开场景文件　　　　　　　　图 12-6　调整视图

③ 在【场景】面板中单击【添加场景】按钮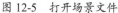，创建场景 1，如图 12-7 所示。

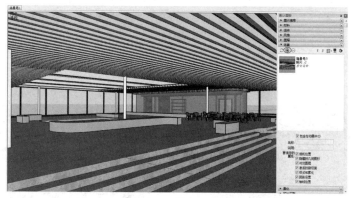

图 12-7　创建场景 1

2. 添加组件

可以通过 SketchUp 中的"3D Warehouse"来获得人物、植物等组件，用户在 3D Warehouse 中可以上传自己的模型与网络中的设计人员共享。当然，也能分享其他设计师的模型。

① 在菜单栏中执行【文件】/【3D Warehouse】命令，打开【3D Warehouse】窗口，在窗口中的搜索栏中选择 "人物" 类型，显示所有人物模型，如图 12-8 所示。

图 12-8　打开【3D Warehouse】窗口

> 技术要点
> 用户要使用 3D Warehouse，必须先注册一个官网账号，3D Warehouse 中的模型均可免费使用。

② 在左侧的【子类别】下拉列表中选择【插孔】，然后在人物列表中找到一种符合当前场景的人物（一位坐着的女性），并单击【下载】按钮进行下载，如图 12-9 所示。

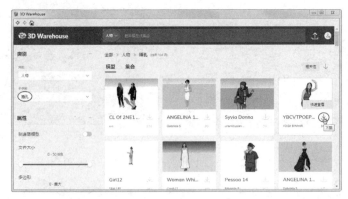

图 12-9　选择人物类别

③　下载女性人物模型后,将其移动到场景中的椅子上,并适当旋转,如图 12-10 所示。
④　接着载入第二个女性人物(背挎包或者手拿包的女性),如图 12-11 所示。

图 12-10　下载人物组件并放置　　　　　图 12-11　载入第二个人物组件

⑤　最后载入一名男性,并使该男性背对着镜头,如图 12-12 所示。

图 12-12　载入男性人物组件

⑥　接着添加植物组件。载入植物模型的方法与载入人物模型的方法相同,分别载入本案例源文件中"植物组件"中的植物模型,然后放置在中庭花园及餐厅外侧,如图 12-13 所示。

> **技术要点**
>
> 　　这里重点提示一下,当载入植物模型后,不管是渲染还是操作模型,都会严重影响系统的运行,造成软件系统卡顿。因此,可以把光源添加完成并调试成功后,再添加植物组件。当然,添加二维植物组件比添加三维人物组件的效果更好。

12　VRay 真实场景渲染

图 12-13　添加植物组件

案例——布光与渲染

初期的渲染主要以自然的天光照射为主。

① 在【阴影】面板中设置阴影，如图 12-14 所示。

图 12-14　设置阴影

② 打开【资源管理器】对话框，首先对阴影效果进行互动式渲染，看看是否符合参考图中的阴影效果，如图 12-15 所示。从渲染效果看，基本满足室内的光源照射要求，但是还应根据实际环境进行光源的添加与布置。由于中庭顶部与玻璃窗区域是黑黑的，没有体现光源，所以接下来要添加光源。

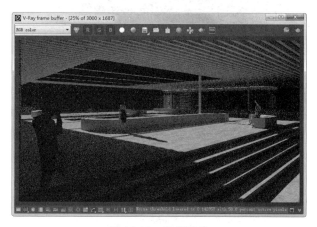

图 12-15　阴影渲染

287

③ 添加穹顶灯表示天光。单击【无限大平面】按钮❄，添加一个无限平面，如图 12-16 所示。
④ 单击【穹顶灯】按钮◉，将穹顶灯放置在无限平面上，如图 12-17 所示。

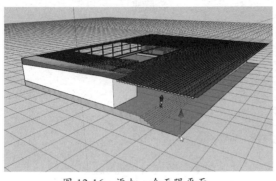 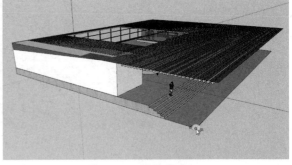

图 12-16　添加一个无限平面　　　　　　图 12-17　添加穹顶灯

⑤ 接下来添加面光源。单击【矩形灯】按钮▽，并调整大小及位置，如图 12-18 所示。

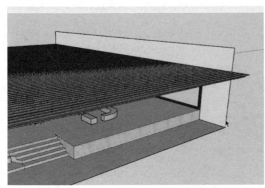 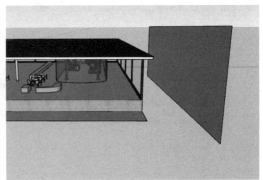

图 12-18　添加面光源

⑥ 再添加面光源，面光源大小及位置如图 12-19 所示。

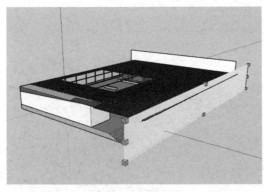 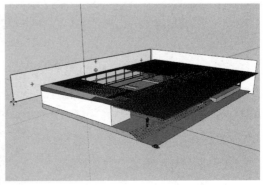

图 12-19　再添加面光源

⑦ 在【光源】选项卡中调整各光源的强度值，如图 12-20 所示。然后重新进行互动式渲染，得到如图 12-21 所示的效果。

12 VRay 真实场景渲染

图 12-20　设置光源强度

图 12-21　互动式渲染效果

⑧ 从渲染效果看，布置穹顶灯和面光源的效果还是比较理想的。现在，可以将植物组件一一导入场景中，如图 12-22 所示。

⑨ 关闭互动式渲染。打开渐进式渲染，设置渲染质量及渲染输出，如图 12-23 所示。

图 12-22　导入植物组件

图 12-23　打开渐进式渲染

⑩ 为了增强太阳光的眩光效果，在中庭顶部添加一个球灯，并设置球灯的强度为"2 000"，如图 12-24 所示。

图 12-24　添加球灯

⑪ 单击【渲染】按钮，开始渲染，渲染效果如图 12-25 所示。

⑫ 在帧缓存窗口中，单击按钮打开镜头效果设置面板，然后按图 12-26 所示进行设置，获得太阳光光晕效果。实际上是对球形灯光进行眩光调整。

图 12-25 渐进式渲染效果

图 12-26 设置光晕效果

⑬ 接下来设置全局预设,如图 12-27 所示。

图 12-27 设置全局预设

⑭ 至此,完成了本案例展览馆中庭空间的渲染,最终效果如图 12-28 所示。

图 12-28 最终渲染效果

12.2 室内厨房渲染案例

本案例以室内厨房空间作为渲染对象，目的是让读者掌握在室内进行室外、室内布光的技巧。

本案例渲染参考图如图12-29所示。观察参考图，可以发现本案例需要创建一个与渲染参考图中视角及相机位置都相同的场景，如图12-30所示。

材质的应用不是本节的重点，本案例源文件中已经完成了材质的应用，接下来的操作主要以布光、调色及后期处理为主。

图12-29　参考图

图12-30　设置的场景视图

案例——创建场景和布光

源文件模型中并没有人物及其他植物组件，需要从材质库中调入应用。

1. 创建场景

① 打开本案例源文件模型"室内厨房.skp"，如图12-31所示。

② 调整好视图角度和相机位置，然后执行【视图】/【两点透视】命令，如图12-32所示。

图12-31　打开场景文件

图12-32　设置视图

③ 在【场景】面板中单击【添加场景】按钮⊕，创建场景1，如图12-33所示。

图 12-33 创建场景 1

2. 布光

① 添加穹顶灯作为天光。单击【无限大平面】按钮 ⊜，添加一个无限平面，如图 12-34 所示。
② 单击【穹顶灯】按钮 ◎，将穹顶灯放置在无限平面的相同位置，如图 12-35 所示。

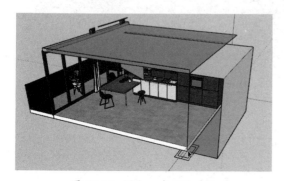

图 12-34 添加一个无限平面

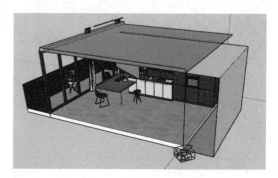

图 12-35 添加穹顶灯

③ 接下来为穹顶灯添加 HDR 贴图，要让室外有景色。在资源管理器中的【光源】选项卡中选中穹顶灯光源，然后在右侧展开的【主要】卷展栏中单击 ■ 按钮，如图 12-36 所示。

④ 接着从本案例源文件夹中打开图片文件"外景.jpg"，并设置贴图选项，如图 12-37 所示。开启互动式渲染，并绘制渲染区域，查看初次渲染效果，如图 12-38 所示。

图 12-36 为穹顶灯添加 HDR 贴图

12　VRay 真实场景渲染

图 12-37　设置贴图参数

图 12-38　互动式渲染效果

⑤ 从渲染效果看，穹顶灯光源太暗了，没有显示出室外风景，在【光源】选项卡中调整穹顶灯光源的强度为"80"，再次查看互动式渲染效果，如图 12-39 所示。

图 12-39　调整穹顶灯光源强度后的渲染效果

⑥ 穹顶灯光源强度效果显现出来了，只是室内没有灯光照射，如果要表现晴天的光线照射，则可以打开 VRay 自动创建太阳光源，并调整日期与时间，天启太阳光的渲染效果如图 12-40 所示。

⑦ 如果要表现阴天的场景效果，则需要关闭太阳光，在窗外添加面光源作为天光。因此，需要补充面光源，表示天光从室外反射进室内。单击【矩形灯】按钮 ▽，并调整大小及位置，如图 12-41 所示。

图 12-40　开启太阳光的渲染效果

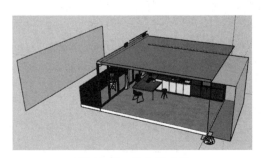

图 12-41　添加面光源

⑧ 利用【矩形】命令绘制矩形面，将房间封闭，避免其余杂光进入室内，并设置光源的强度为"150"，如图12-42所示。

⑨ 在资源管理器中设置面光源"不可见"，如图12-43所示。

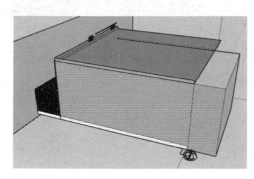

图12-42　绘制矩形面　　　　　　　图12-43　设置面光源"不可见"

⑩ 查看互动式渲染效果，发现已经有光源反射到室内，如图12-44所示。

⑪ 取消材质覆盖，再看下材质的表现情况，如图12-45所示。从表现效果看，整个室内场景的光色较冷，局部区域照明不足。此时可以添加室内面光源，或者修改某些材质的反射参数。

图12-44　互动式渲染效果

⑫ 下面采用修改材质反射参数的方法来改进。利用【材料】面板中的【样本颜料】工具，在场景中拾取橱柜中的材质，下面以其中一种材质为例，拾取材质后会在VRay资源管理器的【材质】选项卡中显示该材质，然后修改其反射参数即可，如图12-45所示。

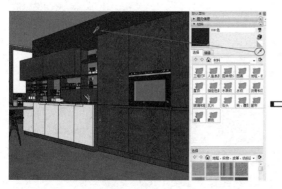

图12-45　编辑材质参数

⑬ 其余材质也按此方法进行材质参数的修改。在互动式渲染过程中，如果发现窗帘有反光现象，可以修改其漫反射值，如图12-46所示。

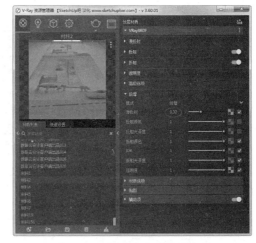

图12-46　修改窗帘的漫反射值

案例——渲染及效果图处理

完成材质的应用与布光后，下面正式进行渐进式渲染，渲染后在帧缓存窗口中进行图形处理。

① 取消互动式渲染，改为渐进式渲染，并设置渲染输出参数，初期渲染效果如图12-47所示。
② 首先检查曝光，曝光位置就是窗外的光源位置，如图12-48所示。

图12-47　渐进式渲染效果　　　　　　图12-48　检查曝光

③ 打开全局渲染设置面板，设置曝光、色温、对比度等选项，如图12-49所示。

图12-49　全局渲染预设

④ 设置曲线，调整光源的明暗度，如图12-50所示。

图 12-50 调整光源的明暗度

⑤ 保存图片，至此完成了室内厨房的渲染。室内厨房最终渲染效果如图 12-51 所示。

图 12-51 室内厨房最终渲染效果

12.3 休闲空间渲染案例

本案例介绍如何利用 VRay for SketchUp 材质，包括如何使用材质库轻松地创作不同风格的图片，以及如何编辑现成材质和如何制作新的材质。如图 12-52 所示为应用材质后的最终渲染效果。

图 12-52 最终渲染效果

案例——休闲空间材质应用

本例需要创建 3 个场景用作渲染视图。

1. 创建场景

① 打开本案例的"Materials_Start.skp"场景文件,如图 12-53 所示。

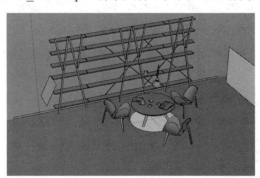

图 12-53　打开场景文件

② 将视图调整为如图 12-54 所示的状态。接着在菜单栏中执行【视图】|【动画】|【添加场景】命令,将视图状态保存为一个动画场景,方便进行渲染操作。创建的场景在【场景】面板中可见,可以对场景进行重命名,如图 12-55 所示。

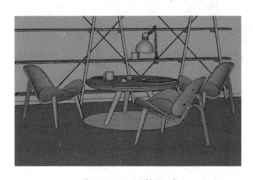

图 12-54　调整视图　　　　　　　　图 12-55　创建"主要视图"场景

③ 同理,再创建一个名为"茶杯视图"的场景,如图 12-56 所示。

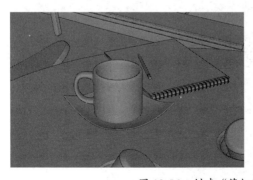

图 12-56　创建"茶杯视图"场景

> **技术要点**
>
> 当创建场景后,用户如果对视图状态不满意,可以逐步调整视图状态,直到满意为止。然后在视图窗口左上角的场景选项卡中单击鼠标右键,在弹出的快捷菜单中选择【更新】命令,可以将新视图状态更新到当前场景中。

2. 渲染初设置

为了让渲染进度加快,需要对 VRay 进行初步设置。

① 单击【资源管理器】按钮⊘,弹出【V-Ray 资源管理器】对话框。

② 在【设置】选项卡中进行渲染设置,如图 12-57 所示。然后单击【用 V-Ray 互动式渲染】按钮,对当前场景进行初步渲染,可以看一下基础灰材质场景的状态,如图 12-58 所示。

> **技术要点**
>
> 启用互动式渲染可以在进行每一步渲染设置后,自动将设置应用到渲染效果中,有助于快速地进行渲染操作与更改。

图 12-57　渲染设置

图 12-58　基础灰材质渲染

③ 同理,对"茶杯视图"场景也进行基础灰材质渲染。

④ 在打开的【V-Ray frame buffer】帧缓存窗口中单击【Region render】渲染区域按钮,在帧缓存窗口中绘制一个矩形(在茶杯和杯托周围绘制渲染区域),这样可以把互动式渲染限制在这个特定区域内,以便集中处理杯子的材质,如图 12-59 所示。

图 12-59　绘制渲染区域

3. 将 VRay 材质应用到"茶杯视图"场景中的对象

接下来利用 VRay 默认材质库中的材质对茶杯视图中的模型对象应用材质。基础灰材质渲染完成后应及时关闭【材质覆盖】，便于后续应用材质后能及时反馈模型中的材质表现状态。

① 首先设置茶杯的材质，茶杯材质属于陶瓷类型。打开【V-Ray 资源管理器】对话框，并在【材质】选项卡中展开左侧的材质库。在材质库中的【Ceramics & Porcelain（陶瓷）】类型中，将"Porcelain_A02_Orange_10cm"橙色陶瓷材质拖动到【材质列表】选项卡中，如图 12-60 所示。

② 在"茶杯视图"场景中选中茶杯模型对象，然后在【材质列表】选项卡中的"Porcelain_A02_Orange_10cm"材质上单击鼠标右键，在弹出的快捷菜单中选择【将材质应用到选择物体】命令，随即完成材质的应用，如图 12-61 所示。

图 12-60　将材质库中的材质拖动到【材质列表】选项卡中

图 12-61　将材质应用到所选物体

③ 应用材质后，可以从打开的【V-Ray frame buffer】帧缓存窗口中查看材质的应用效果，如图 12-62 所示。

④ 同理，可以将其他陶瓷材质应用到茶杯模型上，时时查看互动式渲染效果，以获得满意的效果，如图 12-63 所示。

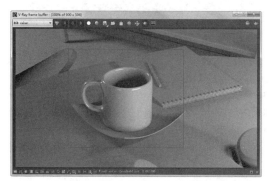

图 12-62　查看材质应用效果

图 12-63　应用其他材质的效果

⑤ 接下来将类似的陶瓷材质应用到杯托模型上，如图 12-64 所示。

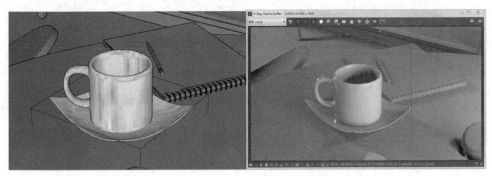

图 12-64 将陶瓷材质应用到杯托模型上

⑥ 随后处理桌面的材质。在【V-Ray frame buffer】帧缓存窗口中绘制一个区域，将材质渲染集中应用到桌面上，如图 12-65 所示。

⑦ 在【茶杯视图】场景中选中桌子模型对象，然后将材质库【Glass（玻璃）】类别中的"Glass_Tempered（绿色镀膜玻璃）"材质应用到选中的桌面模型上，如图 12-66 所示。

图 12-65 绘制渲染区域

图 12-66 将材质应用到选中的桌面模型上

⑧ 查看【V-Ray frame buffer】帧缓存窗口中的矩形渲染区域，查看桌面材质的渲染效果，如图 12-67 所示。

⑨ 接着给笔记本绘制一个矩形渲染区域，如图 12-68 所示。

图 12-67 查看桌面材质的渲染效果

图 12-68 绘制笔记本渲染区域

⑩ 选中笔记本模型，然后将材质库【Paper】类别中的"Paper_C04_8cm"（带图案的材质）指定给笔记本，互动式渲染效果如图12-69所示。

> **技术要点**
> 由于仅仅是对笔记本的封面进行渲染，里面的纸张就不必应用材质了，因此，在执行【将材质应用到选择物体】命令后，材质并不会应用到封面上，这时需要在SketchUp的【材料】面板中将"Paper_C04_8cm"材质赋予笔记本封面，如图12-70所示。

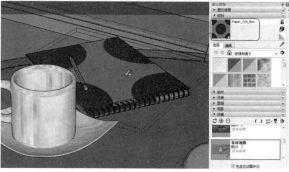

图12-69 应用材质后的渲染效果　　　　图12-70 添加材质

⑪ 笔记本上的图案比例较大，可以在【材料】面板中的【编辑】标签下修改纹理比例值，如图12-71所示。

图12-71 编辑材质参数

4. 应用VRay材质到"主要视图"场景中的对象

① 切换到"主要视图"场景中。然后在【V-Ray frame buffer】帧缓存窗口中取消区域渲染，并重新绘制包含桌面底板及桌腿部分的渲染区域，同时在场景中按Shift键选取桌面底板及桌腿对象，如图12-72所示。

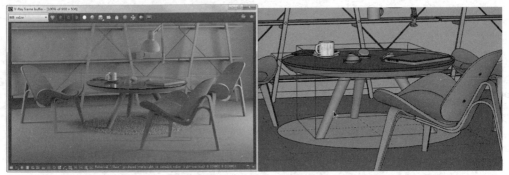

图 12-72　绘制渲染区域

② 将材质库【Wood & Laminate】类别中的"Laminate_D01_120cm"材质应用给桌面底板及桌腿，同时在【材料】面板中修改纹理尺寸，如图 12-73 所示。

图 12-73　应用材质给桌面底板及桌腿并修改纹理尺寸

③ 同理，将此"Laminate_D01_120cm"材质应用到 3 把椅子对象上。操作方法是，在场景中双击一把椅子组件，进入组件编辑状态，然后选择椅子对象，即可将材质应用给椅子，如图 12-74 所示。

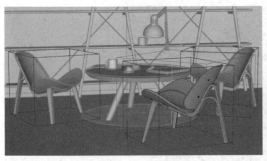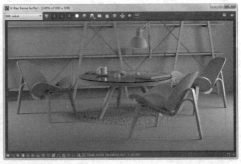

图 12-74　应用材质给椅子

④ 接下来选择椅子中包含的螺钉对象，选择一颗螺钉，其余椅子上的螺钉会被同时选中，然后将【Metal】类别中的"Aluminum_Blurry（铝_模糊）"材质应用给螺钉，如图 12-75 所示。

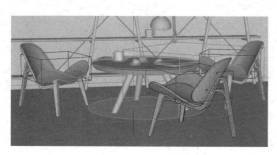

图 12-75　应用材质给螺钉

⑤ 同理，将【Fabric（织物）】类别中的"Fabric_Pattern_D01_20cm"（布料_图案）应用给椅子上的坐垫，并修改纹理尺寸，如图 12-76 所示。如果【材料】面板中没有显示坐垫材质，则可以单击【样本颜料】按钮 ，去场景中吸取坐垫材质。椅子的材质应用完成后，在场景中单击鼠标右键，在快捷菜单中选择【关闭组件】命令。

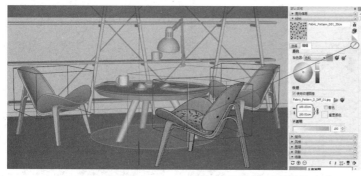
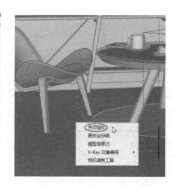

图 12-76　应用材质给坐垫

⑥ 接下来选择靠背景墙一侧的支撑架、支撑板及螺钉对象，统一应用"Steel_Polished 钢_光滑"材质，如图 12-77 所示。

⑦ 将"Clay_B01_50cm"陶瓷材质应用给支撑架上的一只茶杯，如图 12-78 所示。

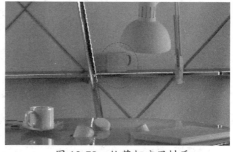

图 12-77　选择支撑架、支撑板及螺钉并应用材质　　　图 12-78　给茶杯应用材质

⑧ 给桌子上的笔记本应用材质。在【V-Ray frame buffer】帧缓存窗口中绘制笔记本渲染区域，如图 12-79 所示。

⑨ 将材质库【Plastic】类别中的"Plastic_Leather_B01_Black_10cm"黑色塑料材质赋予笔记

本下半部分，如图 12-80 所示。

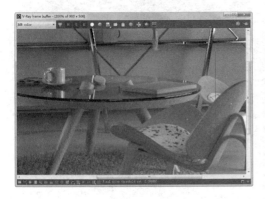
图 12-79　绘制渲染区域

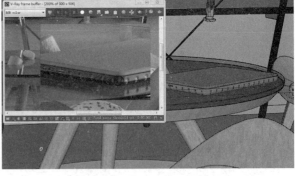
图 12-80　应用材质给笔记本下半部分

⑩　同理，将"Metallic_Paint_BronzeDark（金属_涂料_青铜暗）"材质赋予笔记本上半部分，如图 12-81 所示。

⑪　设置背景墙的材质。绘制背景墙渲染区域，将【WallPaint & Wallpaper】材质类别中的"WallPaint_FineGrain_01_Yellow_1m（壁纸_细粒_01_黄色_1 米）"材质赋予背景墙，如图 12-82 所示。

图 12-81　应用材质给笔记本上半部分

图 12-82　添加背景墙的材质

⑫　设置地板材质。绘制地板渲染区域，将【Stone（石料）】材质类别中的"Stone_F_100cm"材质赋予地板，并在【材料】面板中修改此材质的纹理尺寸，如图 12-83 所示。

图 12-83　添加地板的材质

⑬ 最后设置台灯的材质。绘制台灯渲染区域，将【Metal（金属）】材质类别中的"Metallic_Foil_Red"金属箔红材质赋予台灯，如图 12-84 所示。

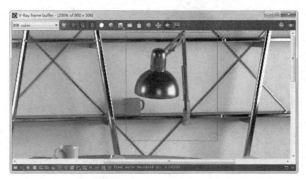

图 12-84　添加台灯的材质

5. 渲染

① 在【V-Ray frame buffer】帧缓存窗口底部的工具栏中，单击第一个按钮，在对话框右侧打开颜色校正选项边栏。在边栏中单击【Globals（全局）】按钮，弹出全局预设菜单，在该菜单中选择"Load"选项，从本案例源文件夹中打开"CC_01.vccglb"或"CC_02.vccglb"预设文件，如图 12-85 所示。

图 12-85　渲染全局预设

② 载入两种预设文件后的互动式渲染效果对比如图 12-86 所示。

预设 1 的效果　　　　　　　　　　　　预设 2 的效果
图 12-86　两种预设文件载入后的互动式渲染效果对比

③ 最终选择"CC_02.vccglb"的效果作为本案例的渲染预设文件。在【V-Ray 资源管理器】对话框的【设置】选项卡中，首先结束互动式渲染（单击 按钮）。然后重新进行渲染设置，如图 12-87 所示。

305

④ 单击【用 V-Ray 渲染】按钮 ,进行材质渲染,最终效果如图 12-88 所示。

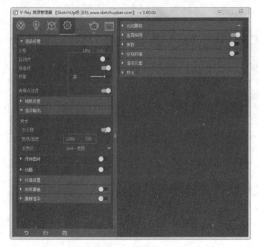

图 12-87 渲染输出设置

图 12-88 最终渲染效果

12.4 室内客厅布光案例

本案例利用 VRay 渲染室内客厅,主要包括布光前准备、设置灯光、材质调整、渲染出图几个部分。本案例为室内客厅建立了 3 个不同的场景。如图 12-89 所示分别为白天与黄昏时的渲染效果。

白天

黄昏

图 12-89 白天与黄昏时的渲染效果

案例——室内客厅布光

1. 白天布光

① 首先打开本案例源文件"Interior_Lighting_Start.skp"。文件中已创建完成了 3 个场景,便于布光操作,如图 12-90 所示。

12　VRay 真实场景渲染

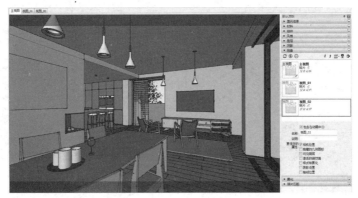

图 12-90　打开场景文件

② 打开【V-Ray 渲染管理器】对话框。开启【互动式渲染】和【材质覆盖】，然后进行互动式渲染，如图 12-91 所示。

图 12-91　初步渲染设置

> **技术要点**
>
> 为什么开启了【材质覆盖】后，滑动玻璃门却没有被覆盖呢？答案是在进行互动式渲染之前，在【材质】选项卡中将 Glass（玻璃）材质进行了设置，也就是关闭了【允许覆盖】，如图 12-92 所示。

图 12-92　关于材质覆盖的问题

③ 在 SketchUp 的【阴影】面板中调整时间，让外面的太阳光可以照射到室内，如图 12-93 所示。

④ 在【设置】选项卡的【相机设置】卷展栏中设置曝光值为"9"，让更多的光从阳台外照射进室内，如图 12-94 所示。满意后关闭互动式渲染。

307

图 12-93　设置时间

图 12-94　相机设置

2. 布置阳台入户处的天光

① 接下来需要创建面光源作为天光。单击【矩形灯】按钮，创建面光源，并调整面光源大小，如图 12-95 所示。

② 切换到"视图_02"场景中，也创建一个面光源，如图 12-96 所示。

图 12-95　创建第一个面光源

图 12-96　创建第二个面光源

🔆 **技术要点**

在绘制面光源时，最好在墙面上绘制，这样能保证面光源与墙面平齐。然后进行缩放和移动操作即可。

③ 创建面光源后，使用【移动】命令 分别将两个面光源向滑动玻璃门外平移。切换回"主视图"场景中，查看互动式渲染的布光效果，如图 12-97 所示。

④ 可以看到添加的面光源只是代表来自户外的天光，而不是真正的面光源，所以还要对面光源进行设置。注意两个面光源的设置要保持一致，如图 12-98 所示。

图 12-97　互动式渲染的布光效果

图 12-98　设置面光源参数

⑤ 对面光源进行设置后的渲染效果,完全模拟了自然光从户外照射进室内的情景,如图 12-99 所示。

⑥ 在【设置】选项卡中关闭【覆盖材质】,再次查看真实材质在自然光照射下的互动式渲染效果,如图 12-100 所示。

图 12-99　设置面光源后的渲染

图 12-100　取消材质覆盖后的渲染

⑦ 接下来关闭【互动式渲染】,开户产品级的【渐进式渲染】,如图 12-101 所示。

图 12-101　产品级的渐进式渲染

⑧ 进行效果图的后期处理。在 VRay 帧缓存窗口中,展开全局预设选项。在窗口底部的工具栏中单击【颜色校正】按钮,查看渲染效果中的曝光问题,如图 12-102 所示。

⑨ 开启【Exposure】曝光参数选项,设置高光混合值(Highlight Burn)为 0.7 左右。注意不要将高光混合值设置得太低,否则有可能让图片变得很平(缺乏明暗对比),重新渲染后曝光不那么明显了,如图 12-103 所示。

图 12-102　显示图片中的曝光

图 12-103　调整曝光参数后的效果

⑩ 接着选中【White Balance】(白平衡)复选框,将此其设置为"6 000"。选中【Hue/Saturation】(色相饱和度)复选框,此参数可以用来调节色彩倾向和色彩明度。选中【Color Balance】

（色彩平衡）复选框，以便可以更复杂地控制图像的色彩。调整这些参数，达到适合自己喜好的色彩平衡参数，如图 12-104 所示。

⑪ 选中【Curve】（曲线）复选框，调整场景的对比度，如图 12-105 所示。

图 12-104　设置白平衡（White Balance）参数

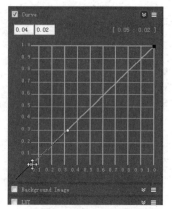
图 12-105　调整场景的对比度

⑫ 在底部工具栏中单击【Open lens effects】按钮，再单击【相机效果】按钮，在窗口左侧将显示用于控制相机效果的选项。然后开启光晕效果（Bloom Effect），使远处的窗口具有更多真实的光感。调整光晕的形状，把它变小，把数值设置为"20.50"。【Weight】（权重）参数控制着光晕效果对全图的影响程度，把数值设置为"2.83"，制造一点点光晕效果。把【Size】（尺寸）设置为"9.41"。最终效果如图 12-106 所示。

图 12-106　最终效果

⑬ 将完成后期处理的效果图输出。

3. 黄昏时的布光

① 在【V-Ray 资源管理器】对话框的【设置】选项卡中重新开启【材质覆盖】，并开启【互动式渲染】，在【环境设置】卷展栏中取消选中【背景】贴图复选框，这样会减少室内环境光，设置【背景】值为"5"，背景颜色可以适当调深一点，如图 12-107 所示。

② 为场景添加聚光灯。在主视图场景中连续两次双击灯具组件，进入其中一个灯具组的编辑状态，如图 12-108 所示。如果向该灯具添加光源，那么其余相同的灯具会相应地自动添加光源。

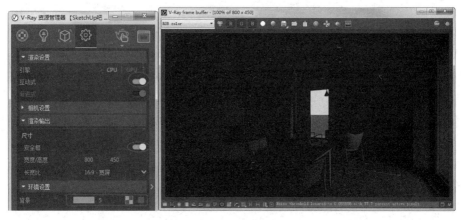

图 12-107 环境设置

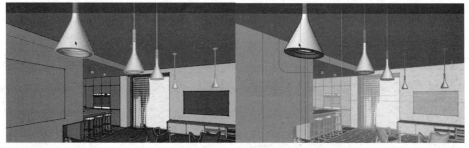

图 12-108 激活灯具组件

③ 单击【聚光灯】按钮,在灯具底部放置聚光灯,光源要低于灯具,如图 12-109 所示。之后退出灯具群组编辑状态。

④ 为场景添加 IES 光源。切换到"视图_02"场景,然后调整视图角度,便于放置灯源。单击【IES 灯】按钮,

图 12-109 添加聚光灯

从本案例源文件夹中打开"10 .IES"光源文件,然后在书柜顶部添加一个 IES 光源,并将其复制一次(在移动灯具的过程中按住 Ctrl 键),如图 12-110 所示。

图 12-110 添加 IES 光源

⑤ 在厨房添加泛光灯。调整视图到厨房,单击【球灯】按钮,在靠近天花板的位置放置球灯,如图 12-111 所示。

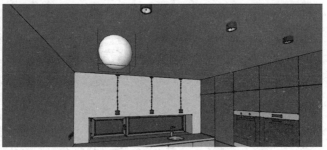

图 12-111　在厨房添加泛光灯

⑥ 双击"主视图"场景，返回初始视图状态，然后进行互动式渲染，结果如图 12-112 所示。此时各种光源的效果不甚理想，需要进一步设置。

⑦ 将聚光灯和球灯光源线关闭，仅开启要设置的 IES 光源。在 VRay 帧缓存窗口中绘制渲染区域，如图 12-113 所示。

图 12-112　灯光的互动式渲染效果　　　　　图 12-113　绘制渲染区域

⑧ IES 文件自带亮度信息，但是这个场景要覆盖原始信息，自定义亮度。在 IES 光源的编辑器中设置光源强度，如图 12-114 所示。

图 12-114　设置 IES 光源强度

⑨ 接着开启球灯，并编辑球灯参数，将厨房球灯的灯光颜色调得稍暖一些，并适当加大强度，如图 12-115 所示。

⑩ 开启聚光灯，设置聚光灯参数，如图 12-116 所示。

⑪ 查看互动式渲染效果，可以发现整体效果不错，但是桌子与椅子的阴影太尖锐了，如图 12-117 所示。

图 12-115　开启球灯并编辑球灯参数

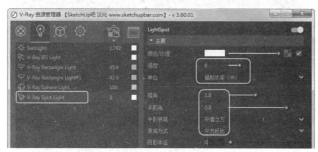

图 12-116　开启聚光灯并设置聚光灯参数

图 12-117　互动式渲染效果

⑫　需要将聚光灯光源的【阴影半径】参数修改为"1",使其边缘柔滑,如图 12-118 所示。

图 12-118　使聚光灯光源的边缘柔滑

⑬　同样,将聚光灯的颜色调整为暖色。关闭互动式渲染,改为产品级的真实渲染,关闭【材质覆盖】,渲染效果如图 12-119 所示。

图 12-119 关闭【材质覆盖】的渲染效果

⑭ 在 VRay 帧缓存窗口中,按前一案例中图像的处理方法,处理本案例的图像渲染效果,如图 12-120 所示。

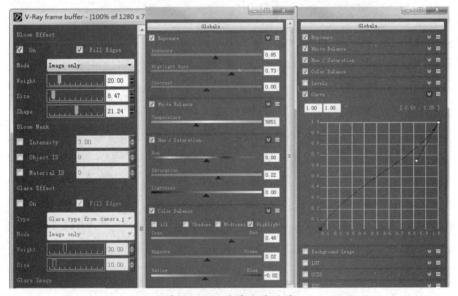

图 12-120 渲染全局设置

⑮ 最终渲染效果如图 12-121 所示。最后输出渲染图像,保存场景文件。

图 12-121 最终渲染效果